Zentralinstitut für Fachdidaktiken
der Freien Universität Berlin

Computer in der Schule 3

Materialien für den Mathematik-
und Informatikunterricht

Klaus-D. Graf
Herausgeber

mit Beiträgen von
Eike A. Detering
Willibald Dörfler
Klaus-D. Graf
Gerhard Holland
Immo O. Kerner
Wilhelm Krücken, J. Schmitz, U. Sieverding,
F. Martens, P. Petermann, R. Buchholz
Martin Pfahl
Eva Pilz
Heinz Schumann
Hans Schupp

Springer Fachmedien Wiesbaden GmbH

CIP-Titelaufnahme der Deutschen Bibliothek

Computer in der Schule / Klaus D. Graf, Hrsg. – Stuttgart:
Teubner
NE: Graf, Klaus-Dieter [Hrsg.]

3. Materialien für den Mathematik- und Informatikunterricht /
Zentralinstitut für Fachdidaktiken der Freien Universität
Berlin. Mit Beitr. von Eike A. Detering ... – 1990
ISBN 978-3-519-02532-0   ISBN 978-3-322-92129-1 (eBook)
DOI 10.1007/978-3-322-92129-1
NE: Detering, Eike A.; Zentralinstitut für Fachdidaktiken <Berlin,
West>

© Springer Fachmedien Wiesbaden 1990
Ursprünglich erschienen bei B.G. Teubner Stuttgart 1990
Softcover reprint of the hardcover 1st edition 1990

Inhaltsverzeichnis

Einführung

Dieser dritte Band zum Thema Computer in der Schule, vor allem mit
Blick auf Mathematikunterricht und Informatikunterricht hat seinen
herausragenden inhaltlichen Schwerpunkt in der Schulgeometrie. Das
hat seine Ursache in der überaus lebhaften Entwicklung der Computergrafik für Personal Computer, die nach den Analytikern bzw.
Numerikern nunmehr die Geometer didaktisch herausforderte. Es werden nicht isolierte exotische Anwendungsbeispiele dargestellt, wie
das in den Anfängen des Computereinsatzes in der Schule oft ge-
schah. Vielmehr wird in mehreren Beiträgen sehr schulpraxis-
orientiert und an vielen Beispielen gezeigt, wie Geometrie-Pro-
grammsysteme für einen Geometrieunterricht nach den bestehenden
Lehrplänen eingesetzt werden können. Schupp's Paket PRO GEO ist
für die Hand des Lehrers gedacht, Schumann's Anwendungen des Cabri-Géomètre von Baulac, Bellemain und Laborde zielen mehr auf interaktives Arbeiten der Lernenden. Der Beitrag von Graf als Fort-
schreibung der Überlegungen in "Computer in der Schule 2" veranschaulicht am Beispiel des Kaleidoskop-Prinzips, wie die Möglichkeiten der Computergrafik zu geometrischen Entdeckungen herausfor-
dern können.
Holland verknüpft das geometrische Konstruieren auf Computer-Bild-
schirmen explizit mit den Lehrzielen zum logischen Schließen. Dabei dient TRICON der Unterstützung von Lernenden bei Dreieckskonstruktionsaufgaben, GEOLOG gestattet ihnen als Lernumgebung die
Definition eigener Prozeduren auf der Basis weniger Grundfiguren.
Diese Pakete sind "logischerweise" in Prolog geschrieben. Das im
Schulbereich wachsende Interesse an dieser Sprache zur logischen
Programmierung dokumentiert ein Beitrag von Pilz. Er untersucht
deren Bedeutung für Logik-Lehrziele des Mathematikunterrichts und
bringt dazu unterrichtspraktische Beispiele.
An allen Programmpaketen wird eine der wichtigsten aktuellen Entwicklungen beim Computereinsatz im Unterricht deutlich: sie ver-
langen kaum noch Vorkenntnisse aus der Datenverarbeitung oder Informatik, sie führen den Benutzer vollständig durch einen problem-
bezogenen Dialog.

2

Die meisten der bisher erwähnten Beiträge schlagen auch schon eine
Brücke zu denen mit methodischem Schwerpunkt. Dörfler überträgt
den Begriff der "Mikrowelt" auf Stoffgebiete des Mathematikunterrichts und veranschaulicht das Operieren damit an schultypischen
Beispielen. Detering umreißt und exemplifiziert eine neue Behandlung der Trigonometrie mit Rechnerunterstützung in der Realschule
unter besonderer Beachtung der Schwierigkeiten von Lehrenden und
Lernenden. Krücken berichtet zusammen mit Kollegen aus
verschiedenen Schul- und Ausbildungsstufen bis zur Erwachsenenbildung über die Erfahrungen mit dem praktischen Einsatz der in
"Computer in der Schule 2" vorgestellten Struktografik.
Die Diskussion um die Stellung der Informatik und neuerdings auch
der informationstechnischen Grundbildung im Fächerkanon der Schulen und um deren Intentionen wird in zwei Beiträgen fortgesetzt.
Pfahl untersuchte im Rahmen seiner Dissertation das Verhältnis von
Informatikunterricht zu einem modernisierten Mathematikunterricht
unter Berücksichtigung der neueren Erfahrungen. Kerner unternimmt
eine in Bezug auf Allgemeinbildung und Bildungstheorie vertiefte
Begründung der Intentionen mit Informatikunterricht aus gleichzeitig alter und neuer Perspektive.

Was ist zu tun? Die Beiträge scheinen mir überzeugend zu belegen,
daß der Computer im Unterricht Werkzeug und Medium mit hohem päd-
agogischen Wirkungsgrad sein kann. Auch wenn viele Fragen zur Un-
terrichtsmethodik noch offen sind, ist es unbedingt an der Zeit,
das Thema Computereinsatz im Mathematikunterricht in die Studien-
pläne für Mathematiklehrer zu integrieren. Lehrerfortbildung kann
vieles in Bewegung setzen; der Durchbruch wird längerfristig aber
nur möglich, wenn alle neuen Mathematiklehrer mit dem neuen Werkzeug vertraut gemacht wurden.

Es liegt mir wiederum sehr am Herzen, allen zu danken, die mich
bei der Herausgabe fachlich und technisch unterstützt haben. Das
sind vor allem die Autoren, Herr Kollege Menzel, Herr Dr. Spuhler
vom Teubner-Verlag und die Diplom-Graphikerin Bärbel Lieske.

Das Zentralinstitut für Fachdidaktiken der Freien Universität
Berlin hat die Veröffentlichung durch einen Druckkostenzuschuß
gefördert.

Klaus-D. Graf   im August 1990

Konstruieren mit dem Computer

Von Gerhard Holland, Universität Gießen

Überblick

Gegenstand des Beitrages sind die beiden Systeme TRICON und GEOLOG, die im Rahmen des von der DFG geförderten GIT-Projektes (Geometry and Intelligent Tutoring) am Institut für Didaktik der Mathematik der Universität Giessen vom Verf. entwickelt wurden[1]. Gegenstand des Projektes sind die Entwicklung und Erprobung von Werkzeugen für intelligente tutorielle Systeme zur Förderung des Problemlösens im Geometrieunterricht allgemeinbildender Schulen. Da eine enge Verbindung von Forschung und Schulpraxis angestrebt wird, ist die Lauffähigkeit der entwickelten Software auf Heim-und/oder Personalcomuptern eine selbstauferlegte Hardware Beschränkung. Zur Implementierung wird PROLOG verwendet, das sich insbesondere für Aufgabenklassen aus der Geometrie als besonders geeignet erwiesen hat. Ein weiteres Produkt des Projektes ist das intelligente tutorielle System GEOBEWEIS zur Unterstützung einfacher geometrischer Beweise durch Vorwärtsverketten. GEOBEWEIS wurde bisher jedoch noch nicht in der Schule erprobt.

TRICON ist ein intelligentes tutorielles System (ITS)[2], welches die Schüler/innen beim Lösen von Dreieckskonstruktionsaufgaben unterstützt. Es besteht aus einem Experten-Modul, der mit Hilfe zweier Methoden die Aufgaben der betreffenden Aufgabenklasse selber löst, und einem Tutor-Modul, der in verschiedenen Modi die Lösungen der Schüler/innen überwacht und auf Anforderung Hilfe liefert.

GEOLOG ist eine Lernumgebung, die es den Schülerinnen und Schülern gestattet, auf der Basis einiger weniger Grundkonstruktionen eigene Prozeduren zu definieren. Auf Grund der Möglichkeit, gegebene Punkte einer Konfiguration zu variieren, unterstützt GEOLOG das Entdecken von Ortslinien und geometrischer Sätze, sowie das Anwenden heuristischer Strategien beim Lösen von Konstruktionsaufgaben. GEOLOG enthält keine "intelligenten" Komponenten. Es ist jedoch geplant TRICON in GEOLOG zu integrieren[3].

---

[1]) Es handelt sich bei den beiden Abschnitten 1 und 2 dieses Beitrages um überarbeitete und erweiterte Fassungen der beiden Vorträge G.Holland 1988,2 und G.Holland 1989.

[2]) Über den internationalen Stand der Forschung auf dem Gebiet der ITS informieren D.Sleeman/J.S.Brown 1982 und J.Self 1988.

[3]) Bezugsquellen für TRICON und GEOLOG sind beim Verf. zu erfragen.

1. TRICON

Die vorliegende Fassung von TRICON wurde in TURBO-PROLOG (Version 1.1) auf MS/DOS implementiert. Es handelt sich um vier Programme, die als EXE-Dateien von der Ebene des Betriebssystems aus startbar sind. Das Programm LEKTOR ist ein Hilfsprogramm, welches die Schüler/innen mit der Syntax und dem Befehlsumfang der verfügbaren Konstruktionsschritte vertraut machen soll. Das Programm DEMO ist in erster Linie für den Lehrer gedacht. Zu jeder eingegebenen und von TRICON lösbaren Aufgabe liefert es eine oder mehrere Musterlösungen mit einem Kommentar zur verwendeten Lösungsmethode (s.1.2). Eine Interaktion mit dem Benutzer findet nicht statt. Hingegen ist das Programm DIALOG für die Benutzung durch die Schüler/innen konzipiert. Deren Lösung wird durch den "Tutor" des Systems überwacht. Dabei kann zwischen zwei Modi der Überwachung gewählt werden. Im Leitmodus überwacht der TUTOR den Lösungsprozess des Schülers und interveniert, falls ein fehlerhafter Schritt durchgeführt wird. Im Testmodus findet während des Problemlöseprozesses keine Unterbrechung durch den TUTOR statt. Erst nach Beendigung der Bearbeitung wird die Lösung des Schülers analysiert und diesem eine ausführliche Rückmeldung gegeben. In beiden Modi ist die Möglichkeit der Hilfeanforderung durch den Schüler gegeben. Somit erlauben Test- bzw Leitmodus eine Anpassung an den jeweiligen Lernstil des Benutzers. Das vierte Programm PLAYBACK erlaubt der Lehrerin oder dem Lehrer ein vollständiges Playback der Schülersitzungen.

Ein Lerner-Modul, welcher den jeweiligen Leistungsstand des Lerners modelliert und eine individuelle Adaption ermöglicht (z.B. bei der Wahl der zu bearbeitenden Aufgaben), wurde bisher nicht entwickelt. Die Erfahrungen mit dem Einsatz von TRICON im Klassenunterricht weisen darauf hin, daß die Entscheidung, auf eine Schüler-modellierung zunächst zu verzichten, sinnvoll war. Da die Ausstattung der Schulen mit Computern in der Regel auf die Zusammenarbeit von Zweier- oder Dreiergruppen an einem Gerät ausgelegt ist, ist für diese Art des Einsatzes eine Schülermodellierung wenig sinnvoll. Für spätere Analysezwecke werden jedoch alle Eingaben des Schülers gespeichert. Auf diese Weise wird das schon erwähnte vollständige Playback der Schüleraktivitäten am Bildschirm ermöglicht.

Ergebnisse über den Einsatz von TRICON in drei Gymnasial-Klassen des achten Schuljahres unter normalen schulischen Bedingungen liegen inzwischen vor. Die Arbeit mit TRICON über einen Zeitraum von drei bis vier Wochen fand bei Schülern und Lehrern ein ermutigendes Echo. Insbesondere wurde die Gruppenarbeit, die zu intensiven Diskussionen innerhalb der Gruppen führte, von Lehrern und Schülern sehr positiv bewertet. Da das System den Schülerinnen und Schülern die Arbeit der z.T. recht aufwendigen Konstruktionen abnahm, standen für das eigentliche Lernziel, nämlich die Erhöhung von Fertigkeiten im Problemlösen, sehr viel mehr Zeit zur Verfügung als im traditionellen Unterricht. Über die Erprobung von TRICON in einer 8. Gymnasial-Klasse wird im folgenden ausführlich berichtet.

1.1. Benutzerschnittstelle für das Programm DIALOG

Nach dem Starten des Programms wird der Benutzer aufgefordert (s)einen Namen einzugeben (zur späteren Identifizierung des Protokolls). Anschließend muß er sich entscheiden, ob der Tutor im Leidmodus oder im Testmodus (s.o) agieren soll. Nach Auswahl einer Aufgabe aus zwei angebotenen Lektionen von je 20 Aufgaben oder nach Eingabe einer eigenen Aufgabe erscheint das folgende Bildschirmbild (hier für die Aufgabe sa=10, beta = 50°, gamma = 40°).

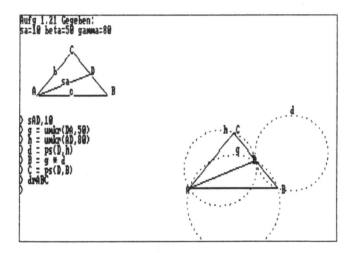

Der Schirm ist in vier disjunkte Fenster gegliedert. Die Überlegungsfigur im linken oberen Fenster ist bereits ein (verkleinertes) Lösungsdreick der Aufgabe, die vom Experten (innerhalb einer oderer mehrerer Sek) erstellt wurde. Dieses Dreieck ist von der Schülerin oder dem Schüler im Zeichenfenster (rechts unten) nachzukonstruieren, wobei dieselben Bezeichnungen zu wählen sind. Unsichtbar liegt hinter diesem Fenster ebenfalls bereits das Lösungsdreieck, dessen Seite AB stets horizontal liegt, und dessen Größe so gewählt wurde, daß es optimal in das Zeichenfenster paßt. Jede Konstruktion beginnt nun mit einem Befehl der Gestalt sPQ,L, durch den eine Strecke PQ mit gegebener Länge L gezeichnet wird (im Beispiel sAD,10) . Diese Strecke wird nun automatisch dort gezeichnet, wo sie im unsichtbaren Lösungsdreieck hinter dem Fenster liegt. Durch diese Vorkehrung wird erreicht, daß die Lösungsfigur des Schülers immer in das Zeichenfenster paßt und in der gewohnten Lage liegt.

Das rechte obere Fenster dient für Meldungen des Systems, in dem linken unteren Fenster werden die Konstruktionschritte und weitere Befehle eingegeben. Für die Eingabe der Konstruktion stehen die folgenden Befehle zur Verfügung:

a) Basisstrecke:

sAB,L   Zeichnet Strecke AB der Länge L

b) Ortslinien:

Jeder Befehl hat die Gestalt <Name> = <Ortslinie>, wobei <Name> ein (gegebenenfalls indizierter) Kleinbuchstabe ist und <Ortslinie> einer der folgenden Ausdrücke:

hAB   Halbgerade durch B mit Anfangspunkt A

hAB,Alpha   Halbgerade, die durch Antragung von Winkel Alpha
                      entsteht, und zwar links von hAB, falls Alpha > 0,
                      rechts von hAB, falls Alpha < 0.

gAB   Verbindungsgerade von A und B.

par(AB,L)   Gerade parallel zu hAB im Abstand L links von hAB.

ortho(AB,C)   Orthogonale zu gAB durch C.

k(A,B)   Kreis um A durch B.

k(M,R)   Kreis um M mit Radius R.

thaleskr(AB)   Thaleskreis zur Strecke sAB.

umkr(AB,Gamma)   Umkreis zur Sehne AB und zum Umfangswinkel Gamma.
                      auf der linken Seite von hAB.

ps(S,k)   Bild des Kreises k bei der Punktspiegelung am Punkt S.

c) Punkte:

S = g & h   S ist Schnittpunkt der Ortslinien g und h
                      (falls g und h zwei Schnittpunkte besitzen, liefert
                      die Wiederholung der Eingabe den anderen Schnittpunkt).

P = p(h,r)   P ist derjenige Punkt, der durch Abtragung der Länge r
                      auf der Halbgeraden mit Namen h entsteht.

P = ps(S,Q)   P ist Bild von Punkt Q bei der Punktspiegelung an S.

d) Polygone:

sAB   Die Verbindungsstrecke AB wird gezeichnet.

drABC   Dreieck ABC wird gezeichnet.

Weitere Befehle dienen zum Berechnen unbekannter aber berechenbarer Längen und Winkel, sowie zum Löschen von Konstruktionsschritten.

1.2. Aufgabenklasse und Lösungsmethoden des EXPERTEN

Die von TRICON unterstützte Aufgabenklasse ist eine Unterklasse aller mit Zirkel und Lineal lösbaren Konstruktionsaufgaben, bei denen ein Dreieck ABC aus drei vorgegebenen Längen oder Winkelmaßen (darunter wenigstens einer Länge) konstruierbar ist. Als Längen und Winkelmaße können gewählt werden:

- die drei Innenwinkel: alpha, beta, gamma
- die drei Dreieckseiten: a, b, c
- die drei Höhen: ha, hb, hc
- die drei Winkelhalbierenden: wa, wb, wc
- die drei Seitenhalbierenden: sa, sb, sc

Beispiele:[4]

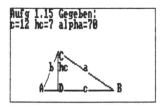

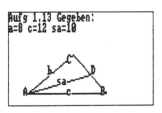

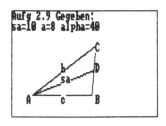

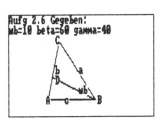

Welche der Aufgaben dieser sehr umfangreichen Klasse von den Schülern/innen bzw. von TRICON gelöst werden, hängt von den Methoden ab, die zur Problemlösung verfügbar sind. TRICON verwendet zwei Methoden, die wohlbekannte Methode der Ortslinien und eine allgemeine Abbildungsmethode, die hier auf Punktspiegelungen eingeschränkt ist, und die wir Methode der Punktspiegelung nennen. Die vier obigen Beispielaufgaben werden mit der Methode der Ortslinien gelöst, die einführende Aufgabe in 1.1 mit der

[4]) Die Beispiele sind den beiden Aufgabensammlungen von TRICON entnommen.

Spiegelungsmethode. Die Methode der Ortslinien ist auf einen zu konstruierenden Punkt P genau dann anwendbar, wenn es zwei sich schneidende Ortslinien von P gibt, d.h. Geraden, Halbgeraden oder Kreise, von denen man weiß, daß P auf ihnen liegt, und die mit den schon konstruierten Punkten gezeichnet werden können. Man erhält dann P als Schnittpunkt der beiden Ortslinien. Die Methode der Ortslinien führt daher jeweils zu drei Konstruktionsschritten. Die Methode der Punktspiegelung ist genau dann auf zwei gesuchte Punkte P und Q anwendbar, wenn

- der Mittelpunkt M der Strecke $\overline{PQ}$ schon konstruiert ist,
- eine Ortslinie O1 für den Punkt P konstruierbar ist,
- eine Ortslinie O2 für den Punkt Q konstruierbar ist,
- das Bild von O2 bei der Punktspiegelung an M mit O1 einen Schnittpunkt besitzt.

Man bestimmt dann P als Schnittpunkt von O1 mit dem Spiegelbild von O2 und anschließend Q als Spiegelbild von P. Bei jeder Anwendung der Methode der Punktspiegelungen werden somit in fünf Konstruktionsschritten zwei Punkte gewonnen.

Nicht nur die Methode der Ortslinien, sondern auch die Methode der Punktspiegelung beruht auf dem Auffinden von Ortslinien zu einem gesuchten Punkt P bezüglich der Menge der schon konstruierten Punkte. Zu diesem Zweck verfügt TRICON über ein Regelsystem, welches zu einem gesuchten Punkt P alle Ortslinien ermittelt.

Zur Lösung einer Aufgabe geht der Experte von TRICON wie folgt vor: Er beginnt die Konstruktion mit einer Strecke, deren Länge gegeben ist. Sodann versucht er, die Methode der Ortslinien auf einen noch nicht konstruierten Punkt anzuwenden. Gelingt dieses, so versucht er dasselbe mit dem nächsten zu konstruierenden Punkt. Anderenfalls versucht er, die Methode der Punktspiegelung auf zwei gesuchte Punkte anzuwenden. Führt auch dieses nicht zum Erfolg, so findet ein Rücksetzungsprozess (backtracking) statt: Die gesamte bisherige Konstruktion wird aufgegeben und neu mit einer anderen Strecke gegebener Länge begonnen – falls es eine solche Strecke gibt. Anderenfalls bricht TRICON die Suche erfolglos ab.

1.3. Der TUTOR im Leitmodus

Sobald der Schüler einen Konstruktionsschritt durchführen will, der mit Hilfe der beiden verwendeten Methoden nicht begründbar ist, wird er vom TUTOR daran gehindert und erhält einen entsprechenden Hinweis. Weiß der Schüler nicht weiter, so kann er Hilfe anfordern. Auf Grund dieses Wechselspiels von Überwachung und Hilfeleistung kann der Schüler stets zu einer richtigen Lösung der Konstruktionsaufgabe gelangen. Wir demonstrieren dieses an einer fiktiven Schülerlösung. Als Beispielaufgabe wählen wir die dritte Aufgabe (Nr 2.9) aus 1.2.

Gegeben: a=8, sa=10, alpha=40

Eingabe	Reaktion des TUTORS

> sAD,10	
> h=hAD,20	hAD,20 ist nicht Ortslinie eines zu konstuierenden Punktes.
> hilfe	Lösche mit delall und beginne mit einer anderen Strecke.
> delall	/* löscht die bisherige Figur */
> sBC,8	
> hilfe	Welchen Punkt möchtest du als nächsten konstruieren?
	Gib einen Punkt ein - oder e für Ende.
> D	/* Schüler gibt D ein */
	Wende die Methode der Ortslinien an !
	Wähle aus der folgenden Liste zwei Ortslinien für D:
	[hBC, hCB, gBC, k(B,4), k(C,4)] - oder gib h ein für weitere Hilfe
	/* Schüler drückt die Leertaste */
> h = hBC	
> D = p(h,4)	
> k = umkr(BC,40)	Der Umfangswinkel liegt stets links von hCB, gib ein: k(CB,50)
> k = umkr(CB,40)	
> k1 = k(D,6)	
> A = e * f	
> drABC	/* zeichnet fehlende Seiten von Dreieck ABC *

1.4. Der Tutor im Test-Modus

Im Testmodus erfolgt die Rückmeldung erst nach Beendigung der Konstruktion. Nach einer empirischen Überprüfung der geforderten Maße werden die einzelnen Konstruktionsschritte überprüft. Dies sei wiederum an einer (ebenfalls fiktiven) Schülerlösung der obigen Beispielaufgabe demonstriert:

Gegeben: a=8, sa=10, alpha=40

Eingabe	Reaktion des TUTORS nach Beendigung der Konstruktion

> sAD,10	Prüfung der Figur:
> h=hAD,20	Prüfung der Konstruktion:
> k=k(D,4)	hAD,20 ist nicht Ortlinie von C
> C=h*k	
> g=hCD	
> B=g*k	

Wie man dem Beispiel entnimmt, bietet dieser Modus dem Schüler die Möglichkeit, einen falschen Schritt durchzuführen und nachträglich zu korrigieren. Auch kann er Lösungen probieren, die der Experte nicht nachvollziehen kann. Im letzteren Fall ist nur eine empirische Überprüfung der Maße der Figur möglich.

1.5. Erprobung von TRICON

Nach Einzeluntersuchungen mit Schülern und Lehrer-Studenten, liegen die Ergebnisse einer ersten Erprobung von TRICON im Mathematikunterricht eines achten Schuljahres des gymnasialen Zweiges einer Gesamtschule vor. Es handelte sich nicht um ein Experiment im Sinne der empirischen Unterrichtsforschung, sondern um ganz normalen Unterricht.

1.5.1. Durchführung der Erprobung

Für die siebzehn Schüler der Klasse standen acht Computer zur Verfügung, so daß bis auf eine Dreiergruppe jeweils zwei Schüler an einem Computer arbeiten konnten. Vor Beginn des Unterrichtes am Computer waren die Schüler in der Lage, Dreiecke aus gegebenen Seitenlängen und Innenwinkelmaßen mit dem Zeichengerät zu konstruieren. Ferner wußten die Schüler, was man unter den Höhen, Winkelhalbierenden und Seitenhalbierenden (als Transversalen) eines Dreiecks versteht. Thalessatz, Peripheriewinkelsatz und Schwerpunktsatz waren ebenfalls bekannt. Die Arbeit am Computer begann mit einer dreistündigen Einführungsphase, in der die Schüler mit Hilfe des Zeichenprogramms LEKTOR die Syntax zum Konstruieren mit TRICON kennen lernten. In der sich anschließenden Lern- und Übungsphase über sechs Unterrichtsstunden wurde eine vorgegebene Aufgabensequenz von 35 Aufgaben bearbeitet, die sich im Schwierigkeitsgrad steigerten, aber alle mit der Methode der Ortslinien lösbar waren. Während der ersten beiden Stunden wurden die ersten 15 bis 20 Aufgaben im Leitmodus, während der letzten vier Stunden die übrigen Aufgaben im Testmodus bearbeitet. Von den schwächeren Schülern wurden nicht alle 35 Aufgaben bearbeitet, wobei auch zwischendurch Aufgaben ausgelassen wurden. Abschließend wurde ein Test durchgeführt, in dem die fünfzehn anwesenden Schüler/innen die folgenden fünf Aufgaben zu lösen hatten:

1. $b = 8$, $wc = 7$, gamma $= 80°$ 4. $a = 9$, $ha = 5$, gamma $= 65°$
2. $b = 8$, $hb = 7$, beta $= 50°$ 5. $hc = 9$, $wc = 10$, gamma $= 70°$
3. $c = 12$, $hc = 8$, $sc = 9$

Da für einen Online-Test nicht genügend Computer vorhanden waren, mußte der Test mit Papier und Bleistift durchgeführt werden. Um jedoch einen Online-Test möglicht gut zu simulieren, hatten die Schüler/innen zu jeder Aufgabe die Befehlsfolge zu notieren, die sie bei der Arbeit mit dem Computer diesem eingegeben hätten. Die Durchführung der Konstruktion mit dem Zeichengerät war nicht verlangt. Bei den ersten drei Aufgaben war eine Überlegungsfigur (wie bei der Arbeit mit dem Computer) vorgegeben, bei den letzten beiden Aufgaben mußte diese von den Schülern gezeichnet werden. In der letzten, dem Test folgenden Stunde, wurden die Schüler/innen gebeten, einen Fragebogen auszufüllen, in dem folgende Fragen zu bewerten waren:

a) Hast Du zuhause einen Computer? (+, -)

b) Hast du gerne mit dem Programm TRICON gearbeitet?

(sehr gerne = 1, gerne = 2, mittelmäßig = 3, ungern = 4)

c) Würdest du auch in Zukunft wieder mit einem Geometrieprogramm am Computer arbeiten wollen?

(sehr gerne = 1, gerne = 2, ist mir egal = 3, ungern = 4)

d) Hast du deiner Meinung nach mit TRICON mehr oder weniger als im normalen Unterricht gelernt?

(mehr = 1, ebenso viel = 2, weniger = 3)

e) Mit welcher der beiden Wahlmöglichkeiten hast du lieber gearbeitet?

Wahl 1 (Fehlermeldung nach jedem falschen Schritt)

Wahl 2 (Fehlermeldung erst am Ende der Aufgabe)

1.5.2. Ergebnisse von Test und Befragung

Die folgende Tabelle enthält die Ergebnisse des Tests und der Befragung.

Name	gel. Aufg.	Schr	T	Z	a	b	c	d	e
Olaf	1 2 3 4 5	29	1	4	+	1	1	2	2
Anne	1 2 3 4 5	29	1	2	-	1	1	2	2
Matthias	1 2 3 4 5	29	1	2	+	1	1	1	2
Eike	2 3 4 5	27	2	2	+	1	1	1	2
Imke	1 3 4 5	27	2	2	-	2	1	2	1
Katrin	1 2 3 4	23	2	5	+	1	1	1	1
Elmar	1 2 3 4	23	2	4	+	2	3	1	2
Ivonne	1 4	16	4	4	-	2	2	2	2
Kristin	1 4	16	4	4	-	1	1	2	1
Sabine	1	16	4	4	-	1	1	2	1
Nicole J.	1	15	4	3w	-	1	1	2	1
Nicole H.	1	15	4	4	-	1	2	2	1
Sandra	1	15	4	5	-	2	1	2	1
Alex		12	5	3w	+	1	1	1	2
Georg		9	5	5	+	2	1	1	1

Die zweite Spalte zeigt die vollständig richtig gelösten Aufgaben, die dritte Spalte die Gesamtzahl der richtigen Konstruktionsschritte. In der vierten und fünften Spalte sind die Noten des Tests bzw. die letzte Zeugnisnote in Mathematik gegenübergestellt (w = Wiederholer). Die letzten fünf Spalten zeigen das Ergebnis der Befragung. Auffällig ist neben dem Fehlen der Note 3 (mit Ausnahme der beiden Wiederholer) die hohe Korrelation zwischen den Noten des Tests und des letzten Zeugnisses: Gute Schüler/-innen wiesen auch mit TRICON gute oder sehr gute Leistungen auf, schlechte Schüler hatten auch mit TRICON einen geringen Lernerfolg. Wesentlich bessere Noten im Test erzielten Olaf (von 4 nach 1), Katrin (von 5 nach 2) und Elmar (von 4 nach 2). Demgegenüber weisen nur Nicole J. und Alex im Test schlechtere Noten auf als im letzten Mathematikzeugnis. Beide sind jedoch Wiederholer, die offenbar beim traditionellen Stoff vom Wiederholen profitieren, nicht jedoch bei dem weitgehend neuartigen Lernstoff der Dreieckskonstruktionen. Unabhängig von den Leistungen ist die Einstellung zur Arbeit mit dem Computer sehr positiv. Das betrifft insbesondere den Wunsch, auch künftig mit dem Computer zu arbeiten. Interessant ist auch, daß mit (wenigen Ausnahmen) die erfolgreichen Schüler den Testmodus, die schwachen Schüler den Leitmodus bevorzugten. Die insgesamt enttäuschende Bearbeitung der Aufgaben 2, 3 und 5 ist in erster Linie darauf zurückzuführen, daß die Möglichkeit der Anwendung gewisser Ortslinien (Thaleskreis, Umkreis zu gegebener Sehne und Umfangswinkel) nicht erkannt wurde. Auf eine genaue Fehleranalyse kann hier nicht eingegangen werden.

1.5.3. Zusammenfassung

Die erste kontrollierte Erprobung von TRICON mit einer (vermutlich keineswegs repräsentativen) Schulklasse ist insgesamt als ermutigend zu bezeichnen. In der aufgewendeten Zeit wurden Lernziele erreicht und Leistungen erbracht, die im traditionellen Unterricht erfahrungsgemäß nicht zu erbringen sind. Das gilt ins-besondere für die (genaue) Beschreibung einer geometrischen Konstruktion, für die Schüler/innen im traditionellen Unterricht - da für die eigene Konstruktion überflüssig - nur schwer zu motivieren sind. Auch Aufgaben, bei denen der Umkreis zu gegebener Sehne und Umfangswinkel als Ortslinie benötigt wird, sind im traditionellen Unterricht wegen des hohen Konstruktionsaufwandes den Schülern kaum zuzumuten.

1.6. Methodische Hinweise zum Einsatz von TRICON

1.6.1. Lernvoraussetzungen

Die Methode der Punktspiegelung ist vermutlich nur für leistungsstarke Klassen (Gymnasialklassen) geeignet. Da sie nur bei Aufgaben verwendet wird, in denen wenigstens eine Seitenhalbierende gegeben ist, bietet es sich an, diese Methode erst einzusetzen, nachdem der Schwerpunktsatz (Schnitt aller Seitenhalbierenden im Schwerpunkt, Teilung der Seitenhalbierenden durch den Schwerpunkt im Verhältnis

1:2) behandelt wurde. Die Methode der Punktspiegelung muß vorher an geeigneten Beispielen erläutert werden. Alle anderen Aufgaben der Aufgabenlektionen 1 und 2 können mit Hilfe der Methode der Ortslinien gelöst werden. Die Voraussetzungen zum Einsatz von TRICON für diese Aufgaben sind:

(a) Vertrautheit der Schüler/innen im Umgang mit dem Zeichengerät.

(b) Die vom System gelieferten Konstruktionen sind mit dem Zeichengerät durchgeführt worden. Für die Ortslinien thales(AB) und umkr(AB,gamma) bedeutet dieses, daß Thalessatz und Peripheriwinkelsatz den Schülern/innen bekannt sind.

(c) Kenntnis der Begriffe Höhe, Winkelhalbierende und Seitenhalbierende (im Dreieck) und der Bezeichnungen für die Längen der zugehörigen Transversalen.

(d) Kenntnis der von TRICON verwendeten Syntax zur Beschreibung der für Dreiecks- konstruktionen benötigten Konstruktionsschritte. TRICON stellt nur diejenigen Konstruktionen als "Grundkonstruktionen" zur Verfügung, die zur Lösung der Dreieckskonstruktionen benötigt werden, d.h. beispielsweise keine Konstruktion zum Zeichnen der Mittelsenkrechten einer Strecke. Die Kenntnis der Syntax soll mit Hilfe des Programms LEKTOR erworben werden. Die zu LEKTOR gehörenden Übungen sind als ASCII-Dateien auf der Diskette gespeichert und können von der Lehrerin oder dem Lehrer mit einem Texteditor nach eigenem Ermessen abgeändert oder ergänzt werden.

(e) Beim Einsatz des Programmes DIALOG hat es sich bewährt, die Schüler/innen zu- nächst im Leitmodus arbeiten zu lassen. Später sollte dann der Testmodus erprobt werden und den Schülern die Wahl zwischen den Modi überlassen werden.

1.6.2. Hausaufgaben und Leisungsmessung

Als Hausaufgaben sollten analoge Aufgaben gestellt werden, die in der Syntax von TRICON beschrieben werden, und deren zeichnerische Realisierung mit dem Zeichengerät erfolgt, sofern man auf Letzteres nicht verzichtet (etwa bei Aufgaben, in denen die Prozedur umkr(AB,gamma) durchzuführen ist). Will man den Erfolg von TRICON messen, so sollte (wie in 1.5 angegeben) ein Online-Test ohne Durchführung einer Zeichnung simuliert werden.

1.6.3. Organisationsform

Da ein Computerraum i.Allg. mit zehn bis 12 Computern ausgestattet ist, ergibt sich zwangsläufig, daß zwei oder sogar drei Schüler/innen an einem Gerät zusammenarbeiten. Das ist jedoch keineswegs ein Nachteil. Wie die Erprobungen gezeigt haben, wird von Schülern/innen und Lehrern/innen die intensive Zusammenarbeit in den einzelnen Gruppen besonders positiv bewertet. Als Konsequenz wird die Hilfeleistung des Tutors erst dann angefordert, wenn die Diskussion in der Gruppe zu keinem Ergebnis geführt hat. Ferner hat es sich bewährt, die Arbeit mit TRICON kontinuierlich durchzuführen, d.h. den Einsatz von TRICON nicht mit anderen mathematischen Inhalten zu alterieren.

1.7. Defizite und vorgesehene Verbesserungen

In mit Fachkollegen und Lehrern geführten Diskussionen wurde insbesondere (mit Recht) kritisiert, daß den Schülerinnen und Schülern die nicht unwichtige Phase der Planung und Determination (keine, eine oder mehrere Lösungen) vorenthalten wird, indem von TRICON vor Beginn der Konstruktion eine Lösungsfigur als "Planfigur" ausgegeben wird, die dann (nur noch) nachzukonstruieren ist – was allerdings für schwache Schüler eine erhebliche Erleichterung ist. Nun könnte TRICON in der Tat leicht auf das Ausgeben der Planfigur verzichten, wenn den Schülern/innen stattdessen verbale Informationen über die Bezeichnung zusätzlicher Hilfspunkte gegeben werden (z.B.: "Bezeichne den Fußpunkt der Höhe hc mit D", "Bezeichne den Schnittpunkt der Winkelhalbierenden wa mit der Seite a mit E" usw.). Planfigur und Determination wären dann mit Papier und dem traditionellen Zeichengerät durchzuführen. Wünschenswerter wäre es hingegen, wenn auch diese Phase auf dem Bildschirm durchgeführt und von dem Tutor kontrolliert und unterstützt würde. Diesem Wunsch soll in einer künftigen Version von TRICON Rechnung getragen werden, die auf der Basis des Zeichensystems GEOLOG entwickelt werden soll.

Der Experte von TRICON in der bisherigen Version ist nicht in der Lage, eine Schülerlösung zu analysieren, wenn diese andere Methoden verwendet, als diejenigen beiden, über die TRICON verfügt. Insbesondere scheitert der Experte von TRICON, wenn für die Konstruktion zusätzliche Punkte benutzt werden, die in der Überlegungsfigur nicht vorkommen. Dieser Mangel ist aber nur sehr schwer zu beheben. Der Experte müßte nämlich über ein Beweissystem verfügen, mit dem er die Richtigkeit einer Konstruktion beweisen kann. Insbesondere müßte zusätzliches geometrisches Wissen und in anderer Weise – verfügbar sein.

2. GEOLOG

GEOLOG ist ein Zeichenprogramm zur Simulation von Konstruktionen, die mit Zirkel, Lineal, Längenmesser und Winkelmesser durchführbar sind. Ohne tutorielle Komponente soll es die Schülerinnen und Schüler bei folgenden Aktivitäten unterstützen[5]:
- Beschreiben von Konstruktionen in einer an Funktions– und Relationsbegriff orientierten Syntax.
- Konstruktiver Begriffserwerb durch Definition eigener Standardkonstruktionen (s.2.1.3).

---

[5]) vgl.H.Schumann 1988 und seinen Beitrag in diesem Buch.

- Modulares Konstruieren durch Definition eigener Macrokonstruktionen (s.2.1.4).
- Entdecken geometrischer Sätze durch Zeichnen und Variieren von Konfigurationen.
- Entdecken von Ortslinien, die für das Lösen von Konstruktionsaufgaben benötigt werden.
- Unterstützung bei der Lösung von Konstruktionsproblemen durch Anwenden heuristischer Strategien.
- Überlegungsfigur und Determination bei Dreieckskonstruktionen.

2.1. Funktionalität von GEOLOG

GEOLOG wurde zunächst für den Atari-St in Prolog 2 Professional[6] implementiert. Bei dieser Version können alle Konstruktionsschritte und Systemoperationen (Löschen, Variieren, Definieren, Laden, Speichern, usw) sowohl über die Tastatur als auch über ein Menü eingegeben werden. Das Positionieren gegebener Objekte (Punkte, Geraden, Halbgeraden, Kreise) im Graphik-Fenster erfolgt mit Hilfe der Maus. Nach dem Erscheinen der Turbo-Prolog Version 2.0 (mit einem völlig neuen Graphiksystem) ist auch eine leistungsfähige Implementation für MS-DOS gelungen. Hier fehlt allerdings eine Menü-Steuerung, so daß alle Konstruktionsschritte über die Tastatur einzugeben sind. Die Position der gegebenen Objekte erfolgt durch Bewegung eines Graphikcursors mit Hilfe der Pfeiltasten, die Durchführung der wichtigsten Systemoperationen mit Hilfe der Funktionstasten. Beide Implementationen sind direkt vom Betriebssystem aus startbar und benötigen daher keine Prologumgebung. Eine Implemantation für den Macintosh in Mac-PROLOG[7] ist in Vorbereitung.

2.1.1. Benutzerschnittstelle, Eingabe der gegebenen Objekte

Nach dem Starten des Programms erscheint der in zwei Fenster aufgeteilte Bildschirm (s. folgenden Seite). Das Dialog-Fenster dient der Kommandoeingabe, insbesondere der Eingabe der gegebenen Objekte und der Konstruktionsschritte mit Hilfe der Tastatur. Im Zeichnung-Fenster wird die Zeichnung erstellt. Zur Durchführung einer Konstruktion werden zunächst die "gegebenen" Objekte (Punkte, Geraden, Halbgeraden, Kreise und Größen) eingegeben. Dazu dienen Anweisungen der Gestalt:

"<Name> ist punkt", "<Name> ist gerade", "<Name> ist halbgerade",
"<Name> ist kreis" und "<Name> ist <Zahl>".

Hier steht <Name> für einen beliebig wählbaren Eigennamen des Objektes (Großbuchstaben für Punkte, Kleinbuchstaben für Geraden, Halbgeraden, Kreise und Grössen) und <Zahl> für eine reelle Zahl. In den ersten vier Fällen wird der Benutzer aufgefordert, mit Hilfe der Maus (bzw. des Grafikcursors) einen Punkt, eine Gerade, eine

---

2) Salix Systeme für Wissensverarbeitung, Dr.B.Daum

3) LPA-London

16

Halbgerade oder einen Kreis im Zeichenfenster einzugeben. Für Punkte gibt es die zusätzliche Möglichkeit der Positionierung auf einer gegebenen oder konstruierten Figur (Gerade, Halbgerade oder Kreis). Nach Eingabe von "<punkt> ist auf(<figur>)" wird der Benutzer aufgefordert, einen Punkt der Figur zu selektieren. Im folgenden die Benutzeroberfläche von GEOLOG in der DOS-Version:

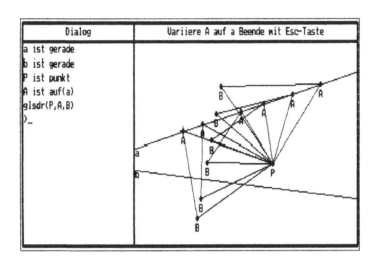

2.1.2. Eingabe der Konstruktionsschritte

Zur Durchführung der Konstruktionsschritte dienen Ausdrücke der Gestalt:
"<Name> ist <term>" und "zeichne <term>".

Hier ist <term> ein Funktionsterm für einen Punkt, eine Gerade, eine Halbgerade, einen Kreis oder eine Größe. In beiden Fällen wird die durch <term> referenzierte Figur gezeichnet, im zweiten Fall wird ihr jedoch kein Name zugeordnet, so daß auf diese Figur im folgenden nicht mehr zugegriffen werden kann.

a) Terme für Punkte:

anfp(h)	Anfangspunkt der Halbgeraden h.
krmp(k)	Mittelpunkt des Kreises k.
punkt(h,d)	Punkt, der durch Abtragung der Länge d auf der Halbgeraden h erzeugt wird.
g & h	Schnittpunkt der Objekte g und h, (haben g und h zwei Schnittpunkte, so erzeugt h & g den zweiten Schnittpunkt).

b) Terme für Geraden:

g(A,B)   Verbindungsgerade der Punkte A und B.

ortho(P,g)   Orthogonale durch P zu g.

c) Terme für Halbgeraden:

h(A,B)   Halbgerade mit Anfangspunkt A durch B.

hg(h,alpha)   Schenkel, der durch Antragen des Winkels alpha entsteht:

auf der linken Seite der Halbgeraden h, falls alpha > 0,

auf der rechten Seite von h, falls alpha < 0.

d) Terme für Kreise:

k(A,B)   Kreis um A durch B.

kr(M,r)   Kreis um M mit Radius r.

e) Term für Polygone:

s(A,B)   Verbindungsstrecke von A und B.

dr(A,B,C)   Dreieck A,B,C

poly(A1,A2..Ak)   Polygon A1A2..Ak

f) Terme für Größen:

- Jeder Rechenausdruck der vier Grundrechenarten (z.B.: 180 - alpha - beta, wobei alpha und beta gegebene oder berechnete Winkelgrößen sind).

- sqrt(X) für die Quadratwurzel aus der Größe X (z.B.: sqrt(c*c - a*a - b*b), wobei a,b und c gegebene oder berechnete Längen sind).

Zur Normierung der Längenmessung dient ein Ausdruck der Gestalt "norm(<punkt1>, <punkt2>,<zahl>)".

Nach seiner Eingabe wird den beiden (verschiedenen) Punkten die Länge <zahl> als Abstand zugeordnet. Dazu die folgende Beispielaufgabe:

Aufgabe 1:

Zeichne ein Dreieck aus a = 30, b = 40 und c = 50.

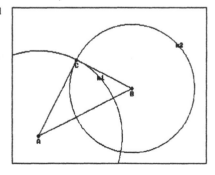

Lösung:

> A ist punkt

> B ist punkt

> norm(A,B,50)

> k1 ist kr(A,40)

> k2 ist kr(B,30)

> C ist k1 & k2

> zeichne dr(A,B,C)

2.1.3. Abkürzende Eingaben über die Tastatur, Termsubstitution

Wird in einem Konstruktionsschritt ein Term eingegeben, der auf Objekte Bezug nimmt, die nicht gegeben oder konstruiert sind, so wird keine Fehlermeldung ausgegeben, sondern der Benutzer wird aufgefordert, Objekte der betreffenden Objektart (als gegebene Objekte) einzugeben. Anschließend wird dann das durch den Term referenzierte Objekt gezeichnet. Auf diese Weise kann man z.b. ein Viereck ABCD zeichnen, indem man lediglich die Anweisung "zeichne poly(A,B,C,D)" eingibt.

Eine weitere Abkürzungsmöglichkeit der Eingabe von Konstruktionsschritten über die Tastatur wird durch die konsequent auf dem Termkonzept beruhende Syntax erreicht, nämlich durch Termsubstitution. Deren Gebrauch sei an drei verschieden ausführlichen Lösungen der folgenden Beispielaufgabe erläutert.

Aufgabe 2:
Zeichne zu gegebenen Punkte A und B die Mittelsenkrechte, nenne sie m.

Lösung:
a)
> A ist punkt
> B ist punkt
> e ist h(A,B)
> d ist l(A,B)
> r ist d/2
> M ist punkt(e,r)
> g ist g(A,B)
> m ist ortho(M,g)

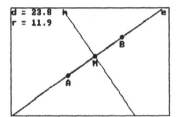

b)
> A ist punkt
> B ist punkt
> M ist punkt(h(A,B),l(A,B)/2)
> m ist ortho(M,g(A,B))

c)
> A ist punkt
> B ist punkt
> g ist ortho(punkt(h(A,B),l(A,B)/2),g(A,B)).

Wie man sieht, ermöglicht Termsubstitution die Darstellung derselben Lösung in verschiedenen Auflösungsgraden. Insbesondere kann jede Konstruktion, die zu gegebenen Objekten genau ein neues Objekt erzeugt, in einem Schritt durchgeführt werden. Das neue Objekt wird dann durch einen Term dargestellt, welcher nur die Namen der gegebenen Objekte als Konstante enthält. Man beachte, daß zur Konstruktion nur diejenigen Objekte gehören, die explizit eingegeben wurden. Bei der Lösungen c) wird daher nur die Gerade g gezeichnet. Je nach Lernfortschritt und Leistungsfähigkeit werden die Schüler und Schülerinnen von der Möglichkeit der Termsubstitution Gebrauch machen.

2.1.4. Eingabe von Konstruktionschritten über ein Menü

Bei der Eingabe einer Konstruktion mit Menü und Maus (Atari-Version) wird jedem Objekt automatisch ein Groß- oder Kleinbuchstabe als Name zugeordnet. Zum Beispiel sind für die Lösung a) von Aufgabe 2 die folgenden Schritte durchzuführen:

(1) Zweimalige Wahl des Menüpunktes "punkt" zur Eingabe der Punkte A und B.

(2) Wahl des Menüpunktes "h(P,Q)" und Selektieren der Punkte A und B mit der Maus. Die Halbgerade h(A,B) wird gezeichnet und mit a benannt.

(3) Wahl des Menüpunktes "l(P,Q)" und Selektieren der Punkte A und B. Die Länge l(A,B) wird gemessen und mit d benannt. Das Ergebnis wird im Zeichenfenster ausgegeben.

(4) Wahl des Menüpunktes "punkt(h,r)" , Selektieren der Halbgeraden a mit der Maus und Eingabe von d/2 über die Tastatur. Der Punkt punkt(a,d/2) wird gezeichnet und mit C benannt.

(5) Wahl des Menüpunktes "g(P,Q)" und Selektieren der Punkte A und B. Die Gerade g(A,B) wird gezeichnet und mit g benannt.

(6) Wahl des Menüpunktes "ortho(P,g)" und Selektieren des Punktes M und der Geraden g. Die Gerade ortho(M,g) wird gezeichnet und mit m benannt.

Ergebnis: m ist die Mittelsenkrechte von A und B.

Da bei dieser Form der Eingabe Termsubstitutionen nur für Größen möglich sind (vgl.Schritt 4), werden stets alle Hilfslinien gezeichnet. Die automatische Zuordnung von Namen ermöglicht jedoch eine Mischung beider Eingabeformen.

2.1.5. Variieren von Konstruktionen

Jedes konstruierte Bild kann unter einem beliebigen Namen im Arbeitsspeicher gespeichert werden[8]. Man kann es jeder Zeit zurückholen, um es gegebenenfalls zu ergänzen oder zu variieren. Für das Letztere bieten sich zwei Möglichkeiten:

(a) Alle gegebenen Objekte werden mit Hilfe der Maus (bzw. des Grafikcursors) neu eingegeben. Die Konstruktion wird dann mit den neuen Anfangsobjekten automatisch wiederholt.

---

[8]) Der Arbeitsspeicher enthält neben der momentanen Konstruktion die vom Benutzer gespeicherten Bilder, Standardkonstruktionen und Macrokonstruktionen. Er kann jederzeit in einer benutzereigenen Datei auf der Systemdiskette gespeichert werden. Beim Starten von GEOLOG wird diese Datei automatisch in den Arbeitsspeicher eingelesen, so daß der Benutzer nach einer Unterbrechung die Arbeit in dem Zustand fortsetzen kann, in dem er sie unterbrochen hat.

(b) Lediglich einer der gegebenen Punkte wird für eine Variation der Figur selektiert. Nach Eingabe der neuen Lage (mit Maus bzw. Grafikcursor) wird dann die Figur neu gezeichnet. Enthält die Figur Punkte, die auf eine gegebene Figur positioniert wurden (s.2.1.1), so werden nur diese Punkte zur Variation freigegeben. Ist das nicht der Fall, so kann der zu variierenden Punkt (nach Wunsch) auch auf einer gegebenen Figur variiert werden.

2.1.6. Definition eigener Standardkonstruktionen

Unter einer Standardkonstruktion verstehen wir jede Konstruktion, die zu gegebenen Objekten genau ein neues Objekt liefert. In GEOLOG sind i.w. nur diejenigen Standardkonstruktionen als Systemkonstruktionen implementiert, die notwendig sind, um alle mit Zirkel, Lineal und den Meßskalen für Längen und Winkel durchführbaren Konstruktionen simulieren zu können[9]. Alle anderen Standardkonstruktionen sind von den Schülern und Schülerinnen selber zu definieren. Da der Code für eine neue Standardkonstruktion automatisch aus einer speziellen Konstruktion generiert wird, brauchen keine Programmierkenntnisse erworben zu werden. Wird z.B. eine der Konstruktionen 1a) bis 1c) von Aufgabe 2 eingegeben, so wird nach der weiteren Eingabe von "def(ms)" automatisch eine Standardkonstruktion ms(A,B) zum Zeichnen der Mittelsenkrechten zweier Punkte generiert, die dann als "Spracherweiterung" im Arbeitsspeicher zur Verfügung steht. Die folgende Beispielaufgabe zeigt die Definition zweier weiterer Standardkonstruktion.

Aufgabe 3:

a) Definiere eine Standardkonstruktion abst(P,g), die den Abstand eines Punktes P von einer Geraden g liefert.

b) Definiere eine Standardkonstruktion drfl(A,B,C), die zu drei Punkten A,B und C den Flächeninhalt des Dreiecks ABC liefert.

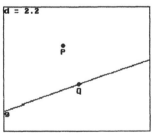

Lösung a)
> P ist punkt
> g ist gerade
> Q ist ortho(P,g) & g
> d ist l(P,Q)
> def(abst)

/* abst(P,g) wird definiert */

---

[9]) Die implementierten Standardkonstruktionen bilden jedoch keine Minimalbasis. Beispielsweise kann man k(A,B) mit Hilfe von kr(M,r) und l(A,B) definieren.

21

Lösung b)
> A ist punkt
> B ist punkt
> C ist punkt
> g ist l(A,B)
> hc ist abst(C,g(A,B))
> drfl ist g * hc / 2
> def(drfl)
/* drfl(A,B,C) wird definiert */

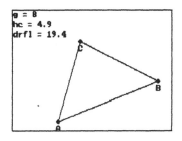

$g = 8$
$hc = 4.9$
$drfl = 19.4$

2.1.7. Definition von Macrokonstruktionen

Im Gegensatz zu einer Standardkonstruktion liefert eine Macrokonstruktion zu gegebenen Objekten eine oder mehrere Zielobjekte[10]. Wir erläutern die Definition einer Macrokonstruktion (kurz Macro) an folgender Beispielaufgabe:

Aufgabe 4:

Man definiere ein Macro "kreistang(k,P,e,f)", welches zu gegebenem Kreis k und gegebenem Punkt P (außerhalb des Kreises) die beiden Kreistangenten liefert und diese mit e bzw f bezeichnet.

Lösung:
> k ist kreis
> P ist punkt
> M ist krmp(k)
> k1 ist thaleskr(P,M)
> E ist k & k1
> F ist k1 & k
> e ist g(P,E)
> f ist g(P,F)

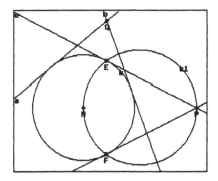

Nach Wahl der Option "defmacro" (Menüpunkt bzw. Funktionstaste) und Eingabe des Terms "kreistang(k,P,e,f)" wird die gewünschte Macrokonstruktion definiert. Ihre Wirkung kann durch die folgenden weiteren Eingaben getestet werden:

---

[10]) Die Unterscheidung von Standardkonstruktionen und Macrokonstruktionen entspricht in etwa der Unterscheidung zwischen Funktionen und Prozeduren in einer prozeduralen Programmiersprache (z.B. in PASCAL).

> Q ist punkt   /* Eingabe eines Punktes außerhalb von k */
> kreistang(k,Q,a,b)

Ergebnis: Die beiden Tangenten von Q an den Kreis k werden gezeichnet und mit a bzw. b bezeichnet.

Ergänzung: Sollen auch die beiden Berührpunkte als Zielobjekte ausgegeben und benannt werden, so müßte man bei der Macrodefinition anstelle des Terms kreistang(k,P,e,f) den Term kreistang(k,P,E,F,e,f) eingeben.

2.2. Beispiele für den Einsatz von GEOLOG

GEOLOG ist eine Lernumgebung, die insbesondere das Vermuten und Generalisieren neuer geometrischer Zusammenhänge und das Lösen von Konstruktionsaufgaben unterstützen soll. Das sei an einigen Beispielen erläutert.

2.2.1. Entdecken von Ortslinien und Sätzen

Aufgabe 5: (Satz des Thales und Umkehrung, Thaleskreis)
Zeichne ein Dreieck ABC. Variiere nun den Punkt C so, daß das Winkelmaß des Winkels w(A,C,B) möglichst nahe an 90° liegt. Formuliere eine Vermutung über die Lage des Punktes C und prüfe diese Vermutung.

Lösung:
> zeichne dr(A,B,C)[11]
> gamma ist w(A,C,B)
> variiere(C)
Punkt C wird nun so variiert, daß gamma dem Wert 90° möglichst nahe kommt.

Vermutung: Die Ortslinie aller Punkte C, für die w(A,C,B) = 90 gilt, ist der Kreis, welcher die Strecke s(A,B) als Sehne hat.

Prüfung der Vermutung:
> k ist thaleskr(A,B)
> variiere(C,k)   /* C wird auf k variiert */
Ergebnis: gamma = 90, für alle Punkte, die auf k liegen.

---

[11]) Hier wird von der abkürzenden Eingabe (s.2.1.3) Gebrauch gemacht.

Aufgabe 6: Entdeckung des Satzes von Pythagoras als Ortslinie

Gegeben seien zwei Punkte A und B. Bestimme die Ortslinie aller Punkte P, für die folgendes gilt:

a) $l(A,P) + l(P,B) = l(A,C)$,   /* Dient zur Motivation von b) */

b) $l(A,P)^2 + l(P,B)^2 = l(A,C)^2$.

Anmerkungen zur Lösung:

Ortslinie zu a) ist die Verbindungsstrecke AB, Ortslinie zu b) ist der Thaleskreis der Strecke AB. Die letztere Aussage beinhaltet den Satz des Pythagoras und seine Umkehrung. Der Entdeckungsprozess könnte in folgenden Schritten erfolgen:

(1) Zeichnen einer Strecke s(A,B) und eines Punktes C, der nicht auf P liegt.

(2) Berechnen von $d = l(C,A)^2 + l(C,B)^2 - l(A,B)^2$

(3) Variation des Punktes C. Der Betrag von d soll möglichst klein werden.

Die Schüler und Schülerinnen werden nun entdecken:

- alle Punkte C mit $d = 0$ liegen auf dem Thaleskreis der Strecke AB,

- alle Punkte mit $d < 0$ liegen innerhalb des Thaleskreises von AB,

- alle Punkte mit $d > 0$ liegen außerhalb des Thaleskreises von AB.

Zur Nachprüfung der Vermutung wird die Konstruktion nun wie folgt weitergeführt.

(5) Zeichnen des Thaleskreises zur Strecke s(A,B).

(6) Variieren des Punktes C auf dem Thaleskreis.

Die Differenz d erweist sich nun als genau null. Eine Umformuliereung des entdeckten Zusammenhanges liefert den Satz des Pythagoras und seine Umkehrung.

2.2.2. Lösen von Konstruktionsaufgaben

Aufgabe 7: Anwendung einer heuristischen Strategie

Gegeben sind zwei Geraden a und b und ein Punkt P, der weder auf a noch auf b liegt. Gesucht ist ein gleichseitiges Dreieck APB, für das A auf a und B auf b liegt.

Lösungsidee:

Mit Hilfe der von G.Polya stammenden heuristischen Regel "Lasse zunächst eine der Bedingungen fort", werden zunächst mehrere gleichseitige Dreiecke APB gezeichnet, welche lediglich die Bedingung "A auf a" erfüllen (s.Bildschirmbild in 2.1.1). Mit GEOLOG geht man wie folgt vor:

(1) Eingabe der gegebenen Geraden a und b und des Punktes P.

(2) Eingabe eines Punktes A auf a.

(3) Zeichnen eines gleichseitigen Dreiecks APB.

(4) Variation der Figur durch Variation des Punktes A auf a.

Die Schüler und Schülerinnen entdecken nun, daß alle Punkte B auf derjenigen Geraden liegen, die das Bild der Geraden a bei eine 60°-Drehung um P ist.

24

Aufgabe 8: Planfigur und Determination bei einer Dreieckskonstruktionsaufgabe

Ein Dreieck ABC soll aus a = 6, sa = 6 und alpha = 50° konstruiert werden.

Zeichne eine Überlegungsfigur und untersuche, die Zahl der Lösungen.

Lösung:
> zeichne dr(A,B,C)
> D ist mp(B,C)
> zeichne s(A,D)
> norm(B,C,6)
> a ist l(B,C)
> sa ist l(A,D)
> alpha ist w(C,A,B)
> variiere(A)

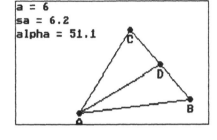

```
a = 6
sa = 6.2
alpha = 51.1
```

Durch Variation des Punktes wird nun versucht, möglichst nahe an die Werte sa = 6 und alpha = 50 heranzukommen. Es sollte nun erkannt werden:

(1) Es gibt zwei Lösungen der Aufgabe.

(2) A liegt (wegen der Forderung sa = 6) auf dem Kreis k(D,6).

(3) A liegt (wegen der Forderung alpha = 50) auf dem Kreis umkr(A,B,50).

Literatur

Holland,G.: TRICON, Ein tutorielles System für Dreieckskonstruktionen
Institut für Didaktik der Mathematik der Justus-Liebig-Universität Gießen,
Gießen 1988.

Holland,G.: Erste Erfahrungen mit dem tutoriellen System TRICON zum interaktiven
Lösen geometrischer Konstruktionsaufgaben.
In: Tagungsbericht der COMBI 88, 26.9.-30.9.88 in Leipzig.

Holland,G.: GEOCON, eine lernfähige Lernumgebung für geometrische Konstruktionen.
In: Beiträge zum Mathematikunterricht 1989, Bad Salzdetfurth 1989.

Self,J.(ed): Artificial Intelligence and Human Learning, Intelligent
Computer-Aided Instruction. London (Chapman and Hall) 1988.

Sleeman,D./Brown.J.S.(eds): Intelligent Tutoring Systems.
London (Academic Press) 1982.

Schumann,H.: Der Computer als Werkzeug zum Konstruieren im Geometrieunterricht.
In: ZDM, 1988/6, S.248-262.

Prof.Dr.Gerhard Holland,
Königsberger Str.5
6301 Pohlheim

P R O   G E O - Ein PROgrammpaket für den GEOmetrieunterricht
von Hans Schupp, Universität Saarbrücken

1. KURZVORSTELLUNG

Seit 1985 beschäftigen wir uns an der Universität des Saarlandes mit Möglichkeiten und Grenzen computergraphischer Hilfen für den Geometrieunterricht. Produkt dieser Überlegungen und entsprechender Ausarbeitungen ist das Software-Paket PRO GEO, bestehend aus Diskette und Handbuch mit didaktisch-methodischen Hinweisen (s. Schupp; Berg 1990).

PRO GEO

- ist eine auf Anpassung und Erweiterung durch den Benutzer angelegte Sammlung graphischer Grund- und Folgeprogramme für den experimentellen Geometrieunterricht beider Sekundarstufen in den allgemeinbildenden Schulen.

- versucht bei den Schwächen, den Lücken, den Rückständen des traditionellen Geometrieunterrichts anzusetzen und dort die Vorteile des neuen, mächtigen Mediums Computer einzubringen. Es will klassische Methoden und Hilfen dieses Unterrichts also nicht ersetzen, sondern sinnvoll ergänzen.

- ist für die Hand des Lehrers gedacht. Die Programme dieses Paketes sind mit möglichst unterrichtsnahen bzw. umgangssprachlichen Befehlen geschrieben und somit auch für diejenigen Kollegen verständlich, die kaum oder gar keine Programmiererfahrung haben. Daher lassen sie sich ohne allzuviel Mühe an die jeweilige didaktisch-methodische Konzeption anpassen und stehen nicht in der Gefahr, diese zu dominieren.

- ist genetisch aufgebaut. Auf ein jeweiliges Basisprogramm folgen mehrere Aufbauprogramme, die exemplarisch zeigen sollen, wie man mit recht wenigen und naheliegenden Programmänderungen erhebliche inhaltliche Varianten bzw. Erweiterungen oder aber konzeptionelle Anpassungen erreichen kann.

26

2. P R O G E O ALS UNTERSTÜTZENDE SOFTWARE

In dem Maße, mit dem in der Schule die Hardware-Voraussetzungen
für den Einsatz von Computergraphik geschaffen werden, häufen
sich die Vorschläge und Ausarbeitungen für eine sinnvolle unterrichtliche In-Dienst-Stellung dieses ebenso mächtigen wie faszi-
nierenden Werkzeugs.

Für den Geometrieunterricht laufen diese Arbeiten zumeist auf
ein Simulieren des elementargeometrischen Konstruierens am Bildschirm hinaus. Sie sind gegenwärtig jedoch noch nicht so weit
entwickelt, daß ein tatsächlicher didaktisch-methodischer Fort-
schritt gegenüber traditionellen Herstellungsweisen erkennbar
wäre (Schumann 1988). Insbesondere muß man skeptisch sein, wenn
das Konstruieren an rigide, für Schüler neue Sprachbefehle ge-
bunden ist. Darüber hinaus ist grundsätzlich zu fragen, warum
gerade dieser vergleichsweise unproblematische Sektor des Geometrieunterrichts umstrukturiert werden soll, ob nicht vielmehr
die traditionelle, motorisch geprägte Form des Konstruierens für
einen dauerhaften Erwerb grundlegender geometrischer Begriffe,
Sachverhalte und Verfahren unverzichtbar ist (s. auch Köhler
1986, Bender 1989 und Hillel et al. 1989).
Erst recht verbietet sich eine wie auch immer geartete Hinführung zum Computer Aided Design (CAD). Es kann nicht die Aufgabe
einer allgemeinbildenden Schule sein, zum technischen Zeichner
auszubilden.
PRO GEO hingegen möchte ansetzen bei den tatsächlichen Defiziten
des Geometrieunterrichts; selbstverständlich nicht mit dem An-
spruch, sie beheben zu können, wohl aber mit der Absicht, zu
ihrem Abbau beizutragen.
Diese Defizite liegen nach aller Erfahrung in folgenden Aktivitäten:
- Sehen geometrischer Komponenten in Phänomenen und Prozessen
  unserer Umwelt
- Vorstellen geometrischer Zusammenhänge
- Entdecken geometrischer Eigenschaften und Beziehungen
- Begründen geometrischer Sachverhalte
und ganz allgemein im
- Lösen geometrischer Probleme
(Holland 1988).

Das erstgenannte Defizit kann durch den Computer nicht abgebaut, sondern allenfalls verstärkt werden. Aber auch bezüglich der anderen bisher zu gering ausgebildeten Fähigkeiten muß kritisch gefragt werden:
Wie können solche Vermögen, die doch im wesentlichen reflektierender Art sind, durch den Umgang mit Computerbildern gefördert werden?

Wir sehen folgende Möglichkeiten:

- Verbreiterung der Materialbasis für solche Reflexionen
- ökonomisches Verfügbarmachen präziser und zugleich dynamischer optischer Hilfen
- gezieltes Experimentieren an Zeichnungen
- individuelle oder gruppenbezogene Auseinandersetzung mit geotrischen Phänomenen
- Steigerung des Interesses für Geometrie über die von der Computergraphik ausgehende Motivation

und haben versucht, sie in unseren Programmen zu realisieren.

Dabei sind folgende Funktionen besonders ergiebig gewesen:

a) die Konstruktion schwieriger geometrischer Gebilde

wobei diese Schwierigkeit z.B. bestehen kann

- in einer komplizierten vorbereitenden Rechnung (z.B. bei der Konstruktion eines Dodekaeders)
- in der Vielzahl der Einzelschritte (z.B. bei Punktkonstruktionen)
- in der Vielzahl der Einzelfiguren (z.B. bei Parketten)
- in der Präzision der Einzelfiguren (z.B. der Tangenten bei Hüllkurven).

Die Eigenart dieser ersten und wohl naheliegendsten Funktion bringt es mit sich, daß sie mit steigender Klassenstufe immer wichtiger wird und innerhalb einer Unterrichtseinheit vor allem gegen Ende hin (z.B. in der Phase der komplexen Übungen) Bedeutung erlangt.

b) die Simulation geometrischer Prozesse

Als Beispiele denke man an die Bahnkurve von Punkten bei kinematischen Bewegungen, an Parkettierungen, an Figurenmetamorphosen. Von besonderer Bedeutung ist hierbei die Möglichkeit des Darstellens kontinuierlicher Abläufe, weil dies mit anderen Medien

(Ausnahme: Film) kaum erreichbar ist.

c) die Exploration von Figuren

z.B. von regelmäßigen Polygonen oder Polyedern, von rekursiven Kurven, von Ornamenten

d) die Komposition von Figuren

bei der - im Unterschied zum klassischen Konstruieren - noch gewisse Freiheiten verbleiben, die man nutzen kann, um bestimmte, etwa ästhetische Wirkungen zu erzielen: "Die Freude an der Gestalt macht den Geometer."

Beispiel: Drehsymmetrische Figuren
Nach aller Erfahrung bleibt es während des Komponierens nicht lange beim bloßen Spiel. Wer bestimmte Wirkungen erzielen möchte, muß passende Eingaben machen; der zugehörige Zusammenhang setzt geometrisches Wissen voraus bzw. macht dessen Erwerb erforderlich.

e) die Exploration von Abbildungen

ihrer Eigenschaften, Varianten und Invarianten; und zwar in enger Verbindung mit c) und d), d.h. über ihre Wirkung auf elementare Figuren -

Mindestens in den Funktionen b),c),d) und e) heben sich Computerbilder gegenüber anderen dadurch positiv ab, daß man sie heuristisch besonders ergiebig gestalten kann:

- Man sieht die Figur entstehen.
- Man kann ihre Konstruktion an gewünschter Stelle unterbrechen.
- Man kann die Figur abwandeln (durch geeignete Parametervariation).
- Man kann sie kontinuierlich verändern.
- Man kann sie (um)strukturieren (z.B. durch Färben, Rastern, Ein- und Ausblenden, Separieren).

Insgesamt ist zu hoffen, daß der Geometrieunterricht beider Sekundarstufen durch Computernutzung (wie von uns intendiert, aber selbstverständlich auch auf andere Weise) erheblich profitieren wird. Die Weiterentwicklung kann bestehen

- in der Möglichkeit des effektiveren Anstrebens traditioneller Ziele dieses Unterrichts (kurzfristig)
- in der Chance des erstmaligen Angehens längst wünschenswerter,

aber bisher nicht erreichbarer Ziele (mittelfristig)
- in der Bereitschaft, sich auf neue Ziele einzustellen, die durch den Umgang mit dem neuen Medium Computer allererst sichtbar werden (langfristig).

3. P R O G E O ALS LEHRERORIENTIERTE SOFTWARE

PRO GEO ist für die Hand des Lehrers, als Hilfe für seinen Geometrieunterricht geplant und entwickelt worden.
Daher unterscheidet sich dieses Paket

a) von betrieblicher Software durch seine Ausrichtung auf unterrichtliche Ziele. Nicht um effiziente, ökonomische Techniken des Konstrukteurs oder technischen Zeichners geht es, sondern um das Eindringen in wichtige geometrische Phänomene und Prozesse, um das Bereitstellen von Materialien für heuristische und argumentative Aktivitäten, um die Freude am geometrischen Komponieren. Der kundige Benutzer wird möglicherweise so manche Annehmlichkeit eines leistungsfähigen CAD-Systems (z.B. durchgehende Menüführung; Lösch-, Zoom-, Füllfunktionen; Speichern und Einlesen einer Zeichnung; Fenstertechnik; Absturzsicherheit) vermissen; wir haben darauf verzichtet, um auf die für die Schulgeometrie wesentlichen Sachverhalte zu konzentrieren und um den Unterschied zur Arbeit auf dem Papier (auf die nicht verzichtet werden kann) nicht zu groß werden zu lassen.

b) von Schul-Software (also von Programmen, die den Schulen in endgültiger, oft nicht einmal einsehbarer Form zugehen) durch seine Einfachheit und Transparenz sowie durch die so ermöglichte Erweiterbarkeit und Adaptierbarkeit. Auf diese Weise vermag der Lehrer (auch wenn er nur geringe Programmiererfahrung hat) die erhaltene Software optimal auf seine Intentionen und Lehrmethoden auszurichten, anstatt - wie bisher meist üblich - mit ihr auch die zugrundeliegende Auffassung von "gutem" Mathematikunterricht zumindest lokal übernehmen zu müssen.

Einfachheit wurde erreicht

- durch die Wahl einer prozeduralen Programmiersprache (hier TURBO-PASCAL 4.0, doch wären auch leistungsfähige (und natürlich graphikfähige) Dialekte von BASIC, COMAL oder LOGO möglich gewesen), die es erlaubt, top-down zu programmieren und ver-

gleichsweise schwierige Prozeduren oder Funktionen in Bibliotheken (Units) jederzeit abrufbar bereitzuhalten, vor allem,
wenn sie ständig gebraucht werden oder mathematisch von geringem
Interesse sind. Dies gilt vor allem für die Verwaltung der graphischen Urbefehle der gewählten Sprache, aber auch etwa für das
Schreiben von Texten inner- und außerhalb von Graphiken.

In PROGEO gibt es die Units
CRT mit Ein- und Ausgabeprozeduren
GRAPH mit den grundlegenden Graphikprozeduren, beide von Tur-
bo-Pascal bereitgestellt
KOMFORT mit ständig gebrauchten Vereinfachungen textlicher Art
GEO2 mit Prozeduren und Funktionen aus der ebenen Schulgeome-
trie
GEO3 analog für die räumliche Schulgeometrie
CURSOR zum Gebrauch der Pfeiltasten bei der Punktsteuerung
MAUS zum Gebrauch der Maus als natürliches Eingabegerät
IGEL mit Prozeduren der natürlichen Geometrie analog zum LOGO-
-Igel.

- durch bewußten Verzicht auf Benutzerkomfort (s.o.), wie er
bei der Bewertung von betrieblicher Software und Schulsoftware
- zu Recht - eine große Rolle spielt.

Allerdings ist stets gewährleistet, daß auch der unerfahrene
Benutzer auf Anhieb mit den Programmen zurechtkommt. Ein in die
Textphase des Programms eingeblendeter Hinweisbalken sagt ihm
insbesondere, wie er weiterkommen, unterbrechen und abbrechen
kann. Die Eingabe von Punkten ist über deren Koordinaten, mit
dem Cursor oder mit der Maus möglich; weiterhin können diese
Möglichkeiten kombiniert und dem Benutzer zur Wahl gestellt werden.

Transparenz wurde erzielt

- durch Hinarbeiten auf schulübliche (z.B. Koordinatensystem,
Dreieck) oder unmittelbar verständliche Befehle (z.B. Leerzeile,
Hinweis), so daß oberhalb der Programmiersprache eine natürli-
chere, verständlichere Sprachebene entsteht (Oberflächentrans-
parenz)
- durch Bereitstellen der Quellcodes aller Programme und aller
selbsterzeugten Units, so daß der interessierte Benutzer (das
kann neben dem Lehrer durchaus auch ein Schüler sein) Einblick

nehmen und womöglich bzw. wonötig Veränderungen anbringen kann (Quellentransparenz).

Die dadurch erreichte Fortsetzbarkeit kann zielen auf:

- programmtechnische Verbesserungen (z.b. Benutzerführung, Absturzsicherheit, Auswahlmöglichkeiten)
- andere Details bei der Einführung oder Darstellung der jeweiligen Problematik (z.b. Anrede, Fragestellung, Farbe, Tempo, Art der Stops)
- Wahl anderer Figuren oder Abbildungen (z.b. Tetraeder statt Würfel, Verschiebung statt Drehung)
- Verallgemeinerung bzw. Spezialisierung durch Vergrößern bzw. Verkleinern der Zahl der Eingabeparameter
- Ergänzen der Units durch weitere, für wichtig gehaltene undhäufig benutzte Prozeduren
- eigenständiges Schreiben zusätzlicher, vielleicht sogar bereichsaufschließender Programme
- Konstruktion weiterer Units.

Der Lehrer wird solche Eingriffe zunächst einmal zum Zwecke der aktiven Auseinandersetzung mit den vorgestellten Programmen vornehmen. Er sollte dabei mit kleinen Veränderungen eher "kosmetischer" Art beginnen (die allerdings schon erstaunliche Auswirkungen haben können) und allmählich zu inhaltlichen Varianten aufsteigen. In dem Maße aber, in dem er auf diese Weise in den Programmen heimisch wird, werden sich seine Bemühungen darauf konzentrieren, die Programme im Hinblick auf den von ihm vorgesehenen Unterrichtseinsatz zu modifizieren. Selbstverständlich gilt dies erst recht für nachträgliche Korrekturen auf Grund von Unterrichtserfahrungen.

Insofern haben die in PRO GEO zusammengefaßten Programme einen vorläufigen, weitere Bearbeitung geradezu herausfordernden Charakter. Zweck ist dabei ihre Anpassung an die jeweilige didaktisch-methodische Konzeption.

Bei der Vorstellung der einzelnen Programmgruppen im Begleitmaterial werden gezielte Hinweise für Benutzereingriffe und -fortsetzungen gegeben. Trotzdem kommt auf den Lehrer statt der möglicherweise erhofften Zeitersparnis erst einmal ein Mehr an Aufwand zu. Das gilt für unseren Ansatz im besonderen Maße, trifft indessen auch für andere Programm(paket)e zu: Auch und gerade im Computerzeitalter bleibt der Lehrer die entscheidende Variable

<u>im didaktischen Feld</u>.
Wie unsere Erfahrungen aus der Lehrerfortbildung zeigen, gibt es
noch recht viele Kollegen, die bezüglich des Computers die gleichen Erwartung hegen wie sie seinerzeit dem programmierten Unterricht entgegengebracht wurden: daß er sie entlaste. Sie sind
recht enttäuscht, wenn man sie in dieser Hinsicht desillusionie-
ren muß. Man wird sie überzeugen müssen, daß sich die Arbeit mit
und an computergraphischen Programmen lohnt, daß der Geometrieunterricht durch ihren Einsatz an Qualität, Attraktivität und
Transparenz gewinnen kann. Und man wird ihnen für ihre Arbeit
ein Maximum an Hilfen geben müssen, damit sich diese Überzeugung
auch in der Unterrichtswirklichkeit bestätigt (s.6.).

c) <u>von Schüler-Software</u> (im Sinne einer von Schülern geschrie-
benen Software) durch seine vergleichsweise Komplexität (und natürlich wiederum durch seine didaktische Absicht).
Gewiß schließt dies nicht aus, daß auch Schüler in die Quell-
dateien Einblick nehmen und gezielte Änderungen anbringen können. Im Zentrum ihrer Arbeit steht jedoch der experimentierende
und reflektierende Gebrauch der (vom Paket oder in abgewandelter
Form vom Lehrer) übernommenen Programme.
Diese Bemerkung gilt für den Mathematikunterricht. Selbstverständlich gäbe es im Informatikunterricht ein erheblich weiteres Spektrum an möglichen Schüleraktivitäten (Analysen, Verbesserungen, Konstruktion weiterer Programmgruppen usw.).

4. P R O G E O IN BEISPIELEN

Im Folgenden soll zunächst eines der 54 Programme vorgestellt
und sein Aufbau kommentiert werden. Zur besseren Unterscheidung
sind die Programmzeilen kursiv geschrieben und die Kommentar-
zeilen in geschweifte Klammern gesetzt.

program REGELMAESSIGES STERNECK;

{NECKPRO4.PAS}   {Dateiname des Programms}

uses Komfort, Geo2;

   {Zu Beginn werden die benötigten Unterprogrammbibliotheken
   (Units) zugeladen.}
var u,e,i: integer;
   xalt,yalt,xneu,yneu: real;

```
alpha:          real;
{Deklaration der im gesamten Programm (global) gebrauchten
Variablen, teils für ganze, teils für reelle Zahlen}

procedure Eingabe;
{Eingabe der benötigten Informationen}
begin
  writeln;
  {Läßt im Ausgabetext eine Zeile frei}
  writeln('   KONSTRUKTION EINES REGELMÄSSIGEN STERNECKS');
  {Schreibt den angegebenen Text und aktualisiert die nächste
  Zeile}
  writeln('   -------------------------------------------');
  writeln;
  write('Geben Sie zuerst die Anzahl e (>2) der Ecken ein,');
  {Schreibt den angegebenen Text und behält die aktuelle Zeile
  bei}
  writeln(' die das Vieleck haben soll.');
  write('e = ');
  readln(e);
  {Die Zahl e der Ecken wird eingegeben.}
  writeln;
  write('Nun die Anzahl u der Umläufe, bis alle Ecken');
  writeln('erreicht sind.');
  write('Beachten Sie, daß ggT(u,e) = 1 sein sollte');
  writeln('und u < e .');
  write('u = ');
  readln(u);
  {Die Zahl u der Umläufe wird eingegeben.}
  Zwischenstop
  {Prozedur aus "Komfort": Veranlaßt Anhalten des Programms
  und Aufforderung an den Benutzer, die Zeichnung durch Betä-
  tigen der Leertaste zu starten}
end;

procedure Umkreis(fk,fp: integer);
{Konstruktion von Umkreis und Ecken des Sternecks}
begin
  Schnellstkreis(0,0,xrechts - 4,fk);
  {Prozedur aus "Geo2": Zeichnet (möglichst schnell) einen
  Kreis um (0;0) mit Radius xrechts - 4 in der Farbe fk}
  alpha := 360/e;
  {Berechnung des Drehwinkels zur nächsten Ecke auf dem Um-
  kreis}
```

```
xalt := xrechts - 4; yalt := 0;
{Koordinaten der Ausgangsecke in Abhängigkeit vom Koordina-
tensystemausschnitt (linke untere Ecke (xlinks;yunten),
rechte obere Ecke (xrechts;yoben))}
for i := 1 to e do
  begin
    Stop;
```
{Prozedur aus "Komfort": Veranlaßt Anhalten des Programms
bis zum Betätigen der Leertaste}
```
    xneu := xdrehung(0,0,alpha,xalt,yalt);
    yneu := ydrehung(0,0,alpha,xalt,yalt);
```
{Berechnung der Koordinaten der nächsten Ecke mittels zweier
Funktionen aus "Geo2": in der Klammer stehen nacheinander
die Koordinaten des Drehzentrums, das Maß des Drehwinkels
und die Koordinaten des zu drehenden Punktes}
```
    Marke(xneu,yneu,fp);
```
{Prozedur aus "Geo2": Die bestimmte Ecke wird dick markiert}
```
    xalt := xneu; yalt := yneu;
```
{Die nächste Ecke wird zur Ausgsngsecke.}
```
  end;
Legende(1,'Weiter stets mit Leertaste!',fk)
```
{Prozedur aus "Geo2": Schreibt den angegebenen Text mit Far-
be fk in die Zeile 1}
```
end;

procedure Konstruktion(fk: integer);
```
{Konstruktion des Sternecks in der Farbe fk}
```
begin
  alpha := 360/e * u;
```
{Berechnung des Winkels für die Drehung zur nächsten Ecke}
```
  xalt := xrechts - 4; yalt := 0;
  for i := 1 to e do
    begin
      Stop;
      xneu := xdrehung(0,0,alpha,xalt,yalt);
      yneu := ydrehung(0,0,alpha,xalt,yalt);
      Strecke(xalt,yalt,xneu,yneu,fk);
```
{Zeichnen der Seite zwischen den beiden Ecken mittels der
Prozedur Strecke aus "Geo2", und zwar in der Farbe fk}
```
      xalt := xneu; yalt := yneu
    end;
  Legende(1,'Weiter stets mit Leertaste!'),0)
```
{Hinweis wird gelöscht}
```
end;
```

```
procedure Beschriftung(fb: integer);
 {Beschriftung der Zeichnung in der Farbe fb}
 var se,su: string;
 {lokale Textvariablen}
 begin
   Rand(15);
   {Prozedur aus "Geo2": Konstruktion des Zeichnungsrandes}
   Legende(1,'REGELMAESSIGES STERNECK',fb);
   str(e,se); str(u,su);
   {Funktion str verwandelt eine Zahlvariable  in eine Textvari-
   able}
   Legende(2,'Ecken: ' + se,fb);
   Legende(3,'Umläufe: ' + su,fb)
 end;


BEGIN
 {Beginn des Hauptprogramms, das fast nur noch aus vorgefer-
 tigten oder vorab konstruierten Prozeduren besteht}
 Vorbereitung;
 {Prozedur aus "Komfort": Stellt neutralen Anfangszustand
 her}
 Titelei('NECKPRO3');
 {Prozedur aus "Komfort": Zeichnet charakteristisches Ein-
 gangsbild mit den Namen des Programms und seiner Autoren.
 Sie sollte entfernt oder abgeändert werden, wenn das Pro-
 gramm vom Benutzer bearbeitet wird.}
 repeat
   Eingabe;
   Koordinatensystem(-12,12,-9,9,0);
   {Farbe 0 bewirkt Unsichtbarkeit des Koordinatensystems. Der
   Ausschnitt des Koordinatensystems ist so gewählt, daß die
   Skalierung auf den beiden Achsen in etwa übereinstimmt. Wer
   hier ganz präzise arbeiten möchte (so daß ein Kreis (Qua-
   drat) wirklich als Kreis (Quadrat) erscheint), dem sei die
   Benutzung der Funktion "skal" aus "Geo2" empfohlen, die in
   Abhängigkeit von der jeweiligen Graphikkarte den zum x-Ab-
   schnitt xlinks — xrechts passenden y-Abschnitt yunten —
   yoben berechnet; im Beispiel: ...(-12,12,-skal(12),skal(12),
   0);}
   Umkreis(15,13);
   Konstruktion(14);
```

Umkreis(0,14);

  /Umkreis wird gelöscht, mit Ausnahme der Ecken des Stern-
  ecks}

  Beschriftung(15)
until Abbruch

  {Prozedur aus "Komfort": Erlaubt nach Wunsch erneuten Pro-
  grammablauf oder Programmende}

END.

Fig.1 zeigt die Druckerkopie eines mit diesem Programm gezeich-
neten Sternecks mit 20 Ecken und 7 Umläufen, Fig.2 die Teilfigur
nach 3 Umläufen.

Fig.3 gehört zum Programm WUERPRO3.PAS. Sie bringt eine Moment-
aufnahme (zwischen Würfelstumpf und Kuboktaeder) bei der suk-
zessiven Umwandlung (Metamorphose) eines Würfels über verschiedene Archimedische Zwischenkörper in ein regelmäßiges Tetraeder, und zwar durch allmähliches und gleichmäßiges Abschleifen
seiner Ecken.

Eine Ellipse sowie diesbezügliche Tangente und Krümmungskreis in
einem selbstgewählten Ellipsenpunkt sind in Fig.4 zu sehen.
Bilder dieser Art werden vom Programm ELLIPRO2.PAS gezeichnet.

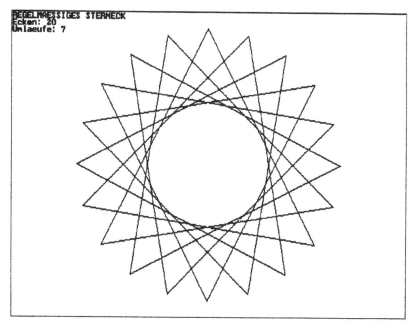

Fig.1

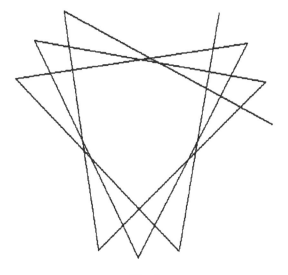

Fig.2

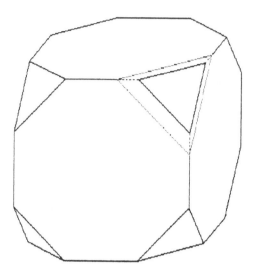

Fig.3

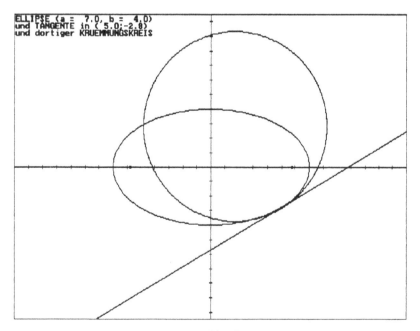

Fig.4

5. P R O G E O ALS AUFBAUENDE SOFTWARE

Jede Programmgruppe besteht aus einem Basisprogramm und einigen Folgeprogrammen; in einem Falle kommt noch ein Vorprogramm hinzu. Die Folgeprogramme stehen beispielhaft für

- mögliche inhaltliche Änderungen, Alternativen, Erweiterungen, Verallgemeinerungen, Zusammenfassungen
- naheliegende Anpassungen an andere didaktische Zielsetzungen bzw. methodische Vorstellungen

und sollen Anregungen geben für individuelle Fortsetzungen beiderlei Art.

Selbstverständlich dienen sie auch dazu, dem weniger programmiergeübten Lehrer programmtechnische Hilfen für solche Ausgestaltungen zu geben.

Im Handbuch folgen auf die Erläuterungen zu den vorgegebenen Programmen jeder Gruppe Hinweise auf mögliche Anschlußprogramme, wobei Ausmaß und Qualität der damit verbundenen Eigenarbeit von der Nähe zu den vorgelegten Programmen abhängen und recht unterschiedlich sein können.

Der Grad der Ausarbeitung wechselt von Gruppe zu Gruppe. Einmal ist nur das Basisprogramm angegeben und alles Weitere der Kreativität des Benutzers anheimgestellt. Andernorts sind fast alle wichtigen Ausbaurichtungen bereits berücksichtigt worden. Manche Basisprogramme sind schon recht leistungsfähig, andere hingegen enttäuschen auf den ersten Blick und scheinen ersetzbar durch traditionelle Medien. Es handelt sich bei ihnen um Rohlinge, die erst durch und nach Weiterbearbeitung ihren eigentlichen Wert erkennen lassen. Gerade sie aber sind i.a. besonders ausbaufähig. Außerdem haben sie zumeist den Vorzug, daß mit ihnen die programmtechnischen Schwierigkeiten für den jeweiligen Bereich bereits abgenommen sind, so daß sich der Ausbau auf mathematischer und damit vertrauter Ebene vollziehen kann.

Das zum Beispielprogramm in 4. gehörende Basisprogramm zeichnet ein regelmäßiges Vieleck. Dort ist die Umlaufzahl eine Konstante (1), hier tritt an ihre Stelle der Umlaufparameter u und zieht eine Änderung des Drehwinkels nach sich. Das ist der einzige wesentliche Unterschied zwischen diesen beiden Programmen.

In PRO GEO sind 12 Programmgruppen ausgearbeitet worden:

1. Die Gruppe SYMM*.PAS (6 Programme)

   Sie ermöglicht die ökonomische Konstruktion achsen-, punkt-, dreh- und verschiebungssymmetrischer sowie spiraliger Bilder.

2. Die Gruppe PARK*.PAS (1 Programm)

   Es wird das Pflastern (Parkettieren) der Ebene mit einem vorzugebenden Viereck simuliert.

3. Die Gruppe KONG*.PAS (3 Programme)

   Selbstgewählte Figuren können selbstgewählten Kongruenzabbildungen (einmal oder wiederholt) unterworfen werden.

4. Die Gruppe WUER*.PAS (6 Programme)

   Die zugehörigen Programme gestatten raumgeometrische Aktivitäten unterschiedlicher Art an und mit dem Würfel.

5. Die Gruppe ABBI*.PAS (3 Programme)

   Hier geht es um nichtkongruente Abbildungen einfacher Figuren, von der zentrischen Streckung bis hin zur Kreisspiegelung.

6. Die Gruppe NECK*.PAS (5 Programme)

   Ziel ist die Exploration des regelmäßigen Vielecks samt naheliegender Erweiterungen.

7. Die Gruppe MASS*.PAS (2 Programme)

   Mit diesen Programmen wird das experimentelle Bestimmen von Punkten mit einer vorgegebenen (Maß)Eigenschaft (Ortslinie) oder eines Punktes mit optimaler (Maß)Eigenschaft (optimaler 1er Punkt) ermöglicht.

8. Die Gruppe REKU*.PAS (6 Programme)

   Schrittweise soll der Benutzer in das Konstruieren rekursiver bzw. fraktaler Kurven eingeführt werden.

9. Die Gruppe POLA*.PAS (4 Programme)

   In Erweiterung der üblichen kartesischen Charakterisierung $y = f(x)$ werden Kurven gezeichnet, deren Gleichung in Polarform $r = f(\varphi)$ gegeben ist.

10. Die Gruppe ANGE*.PAS (4 Programme)

    Sie unterstützt das (ansonsten schwierige) Visualisieren linearer Gebilde (Geraden, Ebenen) sowie deren Schnitte im Raum.

11. Die Gruppe ELLI*.PAS (8 Programme)

    Die Programme leisten die konstruktive Auseinandersetzung mit den vielfältigen Erscheinungsformen und Eigenschaften der Ellipse.

12.Die Gruppe FL23*.PAS (6 Programme)

Es werden Flächen zweiten Grades (Ellipsoide, Hyperboloide, Paraboloide) sowie deren Zustandekommen veranschaulicht.

Insgesamt wurde darauf geachtet, ein sinnvolles Verhältnis zwischen lehrplankonformen (Gruppen 1,3,4,5,6,7,10), didaktisch ausgewiesenen (Gruppen 2,9,11) und innovativen (Gruppen 8,12) Themen zu erreichen. Dies gilt grundsätzlich auch für die Folge der Programme innerhalb einer Gruppe der ersten Art.

6. P R O G E O IM UNTERRICHTLICHEN EINSATZ

Dem Programmpaket PRO GEO liegen zwar umfangreiche hochschuldidaktische Erfahrungen sowie Reaktionen auf Vorfassungen im Rahmen der Lehrerfortbildung (mehrerer Bundesländer) zugrunde, doch ist es bisher noch kaum unterrichtlich erprobt worden. Das ist kein Versäumnis seiner Entwickler, sondern liegt darin begründet, daß die für den sinnvollen Gebrauch der Programme erforderliche Hardware gegenwärtig nach Qualität (Graphik-Karte, Maus) und Quantität (für je zwei, höchstens drei Schüler einen Arbeitsplatz) an den Schulen noch zu selten oder aber für den Mathetikunterricht nicht jederzeit verfügbar ist. Dies wird sich jedoch bald ändern.

Wir beschränken uns daher auf einige grundsätzliche Bemerkungen und erläutern diese an den in 4. aufgeführten Beispielen.

a) Die entwickelten Programme sollen nicht etwa an die Stelle unterrichtlicher Arbeit treten, sondern Schüleraktivitäten anregen und fördern. Es geht nicht um das Vorführen schöner Bilder, um "Kino" als Belohnung für vorangegangene schwierige Phasen des Geometrieunterrichts bzw. als bloße Einstiegsmotivation, dem "business as usual" folgt, sondern um die Bereicherung der Palette der Schülertätigkeiten sowie um die Möglichkeit, an geeigneten Stellen schwierige oder zeitraubende zeichnerische Aktivitäten durch ökonomischeres und gezielteres Arbeiten am Computer zu ersetzen bzw. über Computergraphik aktive Zugänge allererst zu schaffen und so die anschließende Reflexion über geometrische Phänomene besser vorzubereiten.

Fig.1 etwa sowie deren Varianten geben zu zahlreichen Fragen Anlaß: Wie reagiert das Sterneck bei konstanter Eckenzahl e auf Abänderung der Umlaufzahl u, wie bei konstantem u auf veränder-

tes e? Wie hängt die Winkelsumme bzw. der einzelne Sterneckswin-
kel von u und e ab, wie der Radius des Inkreises? Wieso wird bei
der Parametereingabe ggT(u,e) = 1 gefordert? Und was passiert,
wenn man dagegen verstößt?... Fragen, deren Beantwortung durch
weitere Computerbilder zwar erleichtert, aber grundsätzlich
nicht abgenommen werden kann.

b) Das neue Medium Computer(graphik) tritt in eine gerade im
geometrischen Bereich bewährte und reich gegliederte Medien-
landschaft ein (Zirkel, Lineal, Geodreieck, Körpermodelle, Fa-
denkonstruktionen, kinematische Vorgänge usw.). Seine Rezeption
wird wesentlich davon abhängen, wie weit es gelingt, ein sinnvolles Verhältnis zu traditionellen Methoden und Medien des
Geometrieunterrichts zu schaffen. Im einzelnen muß jeweils be-
dacht werden

- ob sich der Einsatz der Computergraphik gegenüber der Benutzung klassischer Hilfen wirklich lohnt oder nur um einer
oberflächlichen Aktualität willen geschieht
Die Tangente in Fig.4 kann man selbstverständlich auch auf traditionelle Weise (Tangentengleichung, Halbierende des Nebenwin-
kels der zugehörigen Brennstrecken, Bild der zugehörigen Kreistangente) konstruieren, den Krümmungskreis allerdings schon mit
wesentlich mehr Mühe (weshalb er denn auch meist unterbleibt
bzw. auf die Scheitel beschränkt wird). Man sieht, daß der Krümmungskreis die Ellipse weit besser lokal annähert als die Tangente (warum?); weiterhin, daß er die Ellipse im Berührungspunkt durchsetzt, während die Tangente stets im Äußeren der Ellipse verbleibt, daß also die Krümmung der Ellipse in der einen
Richtung zu-, in der anderen abnimmt. Eine Ausnahme bilden die
Scheitel, in denen die Krümmung extremal ist.

- wie sich dieser Einsatz gegebenenfalls durch bisher übliche
Methoden oder Medien vorbereiten läßt
Im Falle des Sternecks (Fig.1) könnte man mit der Diagonalenfi-
gur des regelmäßigen Fünfecks (Pentagramm) beginnen und nach
weiteren solchen Gebilden in Abhängigkeit von u und e fragen.
Bei der Ellipse (Fig.4) ist die vorgängige Beschäftigung mit lokalen Steigungen und Krümmungen dieser Figur (neuerdings wieder
im Analysisunterricht (s. Kroll/Vaupel 1986)) unumgänglich.

- wie die Arbeit am Computer wieder einmünden kann in Aktivi-

43

tätsformen im Zusammenhang mit traditionellen Medien

Beispiele:

Herstellen auf andere Weise, z.B. der Archimedischen Körper
(Fig.3) über Netze

Nachzeichnen, was man am Bildschirm gesehen hat, etwa bei der
Würfelmetamorphose die einzelnen Stadien

Komplettieren von ausgedruckten Computerzeichnungen, bei den
Archimedischen Körpern etwa der verdeckten Linien

Weiterarbeiten an solchen Ausdrucken, bei den Archimedischen
Körpern etwa im Rahmen der Inhaltslehre (Kantenlängen, Oberfläche, Volumen)

c) Schließlich wird man nicht umhin können, neben den Vorzügen
des neuen Mediums (sie sind offensichtlich) auch seine Schwächen
(im wertenden Vergleich mit anderen Möglichkeiten) und Grenzen
im Unterrichtsgespräch herauszustellen. Auf keinen Fall darf
passieren, daß Phänomene auf dem Bildschirm als durch den Computer objektiv gesichert angesehen und daher nicht mehr hinter-
fragt werden. Es muß deutlich sein, daß letzte Klarheit nur die
Kraft der Argumentation bringen kann.

LITERATUR

Bender,P.: Was nützt der Computer im Geometrieunterricht? - In:
    Beiträge zum Mathematikunterricht 1989. Bad Salzdetfurth:
    Franzbecker 1989

Fischer,W.L.: Der Einsatz von Computern im Geometrieunterricht -
    In: Beiträge zum Mathematikunterricht 1984. Bad Salzdetfurth:
    Franzbecker 1984

Göhner,H.: Geometrie anschaulich mit dem Computer - Bonn: Dümm-
    ler 1989

Graf,K.-D.: Graphik-Prozeduren als weitere Werkzeuge des Geome-
    trieunterrichts - In: Graf,K.-D.(Hrsg.): Computer in der
    Schule 2 - Stuttgart: Teubner 1988

Hillel,J.; Kieran,C.; Gurtner,J.L.: Solving structured geometric
    Tasks on the Computer: The Role of Feedback in generating
    Strategies - In: Educational Studies in Mathematics 20
    (1989), Nr.1, S.1

Holland,G.: Geometrie in der Sekundarstufe - Mannheim: B.I.-Wis-
    senschaftsverlag 1989

44

Köhler,H.: Geometrie und Rechner - In: mathematiklehren, H.17 (1986), S.4

König,G.: Computer und Mathematikunterricht - Eine Bestandsaufnahme zu einzelnen Aspekten - In: Zentralblatt für Didaktik der Mathematik 21 (1989), H.2, S.67

Mauve,R.: Mathematik mit COMAL-Grafik - Bonn: Dümmler 1987

Mauve,R.; Scheler,K.: COMAL-Softwarebaukästen im Mathematikunterricht - In: Praxis der Mathematik 31 (1989), H.3, S.149

Oldknow,A.: Microcomputers in Geometry - Chichester: Ellis Horwood 1987

Schmidt,G.: Computer im Mathematikunterricht - In: Der Mathematikunterricht 34 (1988), H.4, S.4

Schumann,H.: Der Computer als Werkzeug zum Konstruieren im Geometrieunterricht - In: Zentralblatt für Didaktik der Mathematik 20 (1988), H.6, S.248

Schumann,H.: Satzfindung durch kontinuierliches Variieren geometrischer Konfigurationen mit dem Computer als interaktivem Werkzeug - In: Der Mathematikunterricht 35 (1989), H.4, S.22

Schupp,H.; Berg,G.: PROgramme für den GEOmetrie-Unterricht - Bonn: Dümmler 1990

Schuppar,B.: Ortslinien - Operative Erforschung der Ebene mittels eines interaktiven Graphikprogramms - In: Graf,K.-D. (Hrsg.): Computer in der Schule 2 - Stuttgart: Teubner 1988

Tall,D.: Graphical Packages for Mathematics Teaching and Learning - In: Johnson,D.C.; Lovis,F.(Hrsg.): Informatics and the Teaching of Mathematics. Amsterdam North Holland 1987

Prof.Dr.H. Schupp
Grumbachtalweg 50
6601 Schafbrücke

Neue Moeglichkeiten des Geometrielernens in der Planimetrie durch interaktives Konstruieren

von Heinz Schumann, Paedagogische Hochschule Weingarten

> Motto: Wir sind beschränkt durch die Werkzeuge,
> die wir gewohnheitsmäßig benutzen.

1. Einleitung

Eine wesentliche Form des Geometrielernens ist das Geometrielernen durch handlungsorientierte Exploration und Rekonstruktion von geometrischen Begriffs-, Satz- und Operationssystemen. Neben der am Lerner zu orientierenden Selektion und didaktisch-methodischen Aufbereitung dieser Systeme sind die Explorations- und Rekonstruktionsmittel (das sind intellektuelle bzw. instrumentelle Techniken) für den Zugriff auf solche aufbereiteten Systeme wesentlicher Bestandteil einer Lernumgebung im Sinne des selbstätigen Lernens (learning by doing) - unter mehr oder weniger direkter Lenkung durch den Lehrer.
Ein die übliche Aneignung der schulischen Elementargeometrie weithin bestimmendes instrumentelles Explorations- und Rekonstruktionsmittel stellen die traditonellen Werkzeuge dar: Zirkel, Lineal, Zeichendreieck, Meßlineal, Winkelmesser (kombiniert im sog. Geodreieck), Papier und Bleistift.
Wir vertreten im weiteren folgende These:
Die herkömmlichen zeichnerisch-konstruktiven Werkzeuge weisen als Mittel zur Erforschung und Rekonstruktion der synthetischen Elementargeometrie durch den Schüler erhebliche Defizite auf.
Solche Defizite allgemeiner Art sind:
geringe Unterstützung
- des epistemischen Verhaltens,
- des individualisierten Lernens,
- des ökonomischen Arbeitens,
- des Ausbildens beweglichen und funktionalen Denkens,
- des Entwickelns und Anwendens intellektueller Techniken und
  heuristischer Strategien usw.

Mit dem Einsatz geeigneter interaktiver Grafiksysteme zum schulgeometrischen Konstruieren können diese Defizite ausgeglichen
werden. - Wir nennen ein Grafiksystem zum geometrischen Konstruieren interaktiv, wenn eine geometrische Konstruktion schrittweise im Wechsel von Befehlseingabe durch den Benutzer und Be-
fehlsausführung durch das System abgearbeitet werden kann. Aufgrund prinzipieller Hardware- und Software-Probleme bei der Entwicklung interaktiver 3-D-Systeme für den Schüler der SI muß man
sich vorerst auf Grafiksysteme für den Bereich der 2- dimensio-
nalen Elementargeometrie beschränken.

Der Einsatz solcher Grafiksysteme kann nur die herkömmlichen
Werkzeuge ergänzen, aber nicht ersetzen, weil

- wir letztlich nicht wissen, welche Bedeutung dem taktilen Umgang mit den traditonellen Analog-Werkzeugen bei der Aneignung
  geometrischer Grundkenntnisse zukommt (ein "Caspar-Hauser-Expe-
  riment", in dem die Wirkung des Geometrielernens allein mit dem
  Computer untersucht würde, verbietet sich);

- das Arbeiten mit den herkömmlichen Konstruktions- und Meßwerk-
  zeugen eine kulturelle Technik darstellt, die nicht nur im ma-
  thematik-geschichtlichen Kontext von Bedeutung ist;

- die Kontinuität des schulischen Curriculums gewährt bleiben
  muß;

- der zu treibende Medienaufwand in Form von Hard- und Software
  erhebliche Probleme mit sich bringt (z.B. setzt das Anfertigen
  von Hausaufgaben eine entsprechende Hard- und Softwareausstat-
  tung des Schülers voraus);

- diesen einfachen Werkzeugen ein weltweiter, nicht verbaler
  Kommunikationsstandard innewohnt;

- die Analog-Werkzeuge für die handwerklichen Anwendungen unent-
  behrlich sind (so ergab eine repräsentative Befragung
  deutscher Verbraucher nach ihren Freizeittätigkeiten 1986/87,
  daß sich 42 % von ihnen mit Heimwerken "Do it yourself"
  beschäftigen);

- die Definition konstruktiver Moduln in erheblichem Maße basieren auf konstruktiven Abhängigkeiten, wie sie bei Zirkel- und
  Linealkonstruktionen entstehen.

Welche Forderungen sind an solche Grafiksysteme zu stellen, damit sie für die Nutzung durch Schüler als geeignet beurteilt werden können? Es kann zwischen geometrisch-didaktischen und software-ergonomischen Forderungen unterschieden werden.

1.1 Geometrie-didaktische Forderungen

● Allgemeine Forderung 1:
Das Ausführen von geometrischen Konstruktionen mittels Grafiksystemen muß in analoger Weise möglich sein wie mit den herkömmlichen Mitteln, d.h., den einzelnen Konstruktionsschritten müssen Grafikbefehle gleicher Wirkung entsprechen. Dies ist insofern wichtig, als dem Schüler nicht zugemutet werden kann, beim Wechsel vom Grafiksystem zu den traditionellen Konstruktionsinstrumenten und umgekehrt ständig umzudenken, was die elementaren Konstruktionsschritte anbelangt. Wir können diese Forderung als Forderung nach Konstruktionsweg-Kompatibilität bezeichnen. Ihre Erfüllung ist insofern schwierig, weil der komplexe, an den Wahrnehmungsapparat des Menschen gebundene Konstruktionsvorgang einem System übertragen werden muß, das nicht über die entsprechenden Sensoren verfügt. Wir illustrieren dies am Beispiel des Schnittpunktes zweier Geraden: Beim herkömmlichen Konstruieren verfügt der Zeichner mittels visueller Wahrnehmung über diesen Schnittpunkt zum Weiterzeichnen. Beim Einsatz eines Grafiksystems sieht der Benutzer zwar den Schnittpunkt, aber er muß dem System mitteilen, diesen intern zu berechnen, damit über ihn verfügt werden kann.

Um weitere Forderungen für notwendige Grafikbefehle aufstellen zu können, analysieren wir zuerst, was unter Konstruktionsschritten bei Zirkel- und Linealkonstruktionen zu verstehen ist: Es wird von endlich vielen Punkten der Konstruktionsebene, einem empirischen Modell der reellen euklidischen Ebene, ausgegangen. Ein Konstruktionsschritt ist eine der vier folgenden Operationen:

Das Zeichnen von Ortslinien (Geraden und Kreise):
- Durch zwei Punkte der gegebenen Punktmenge wird eine Gerade gezeichnet.

- Um einen gegebenen Punkt wird ein Kreis gezeichnet, der durch
  einen weiteren gegebenen Punkt geht.

Das Festlegen von weiteren Konstruktionspunkten:
- Schnittpunkte der konstruierten (endlich vielen) Ortslinien
  werden der gegebenen Punktmenge hinzugefügt.
- Endlich viele Punkte der Konstruktionsebene, insbesondere
  solche auf den konstruierten Ortslinien, können willkürlich
  ausgewählt und der Menge der gegebenen Punkte hinzugefügt
  werden.

Das Lösen einer mit Zirkel und Lineal ausführbaren Konstruktionsaufgabe besteht in der Anwendung der genannten Konstruktionsschritte, um gesuchte Punkte als Schnittpunkte von Ortslinien zu
bestimmen (Methode der geometrischen Örter).

●● Spezielle Forderung 1:
Mit einem Grafiksystem müssen erzeugbar und referierbar sein
folgende elementaren grafischen Objekte:
- Punkte,
- Verbindungsgeraden,
- Kreise um Mittelpunkt und durch Peripheriepunkt,
- Schnittpunkt(e) von Geraden, von Gerade mit Kreis, von Kreisen,
- Punkte auf Geraden und Kreisen.

●● Spezielle Forderung 2:
Obwohl Punkte, Geraden und Kreise als elementare Objekte zur
Ausführung von Zirkel- und Linealkonstruktionen ausreichen,
benötigen wir zur Erzeugung bzw. Darstellung ebener Figuren in
der Dreieck- und Vierecklehre, in der Lehre vom n-Eck, in der
Lehre von elementargeometrischen Winkeln als weitere elementare
Objekte: Strecken und Halbgeraden (Strahlen), vgl. u.a. den
axiomatischen Aufbau der reellen euklidischen Ebene in syntheti-
scher Weise in [2]. Auch überstumpfe Winkel müssen wegen der Beschreibung von Drehungen und nicht konvexen Vielecken erzeugbar
sein. Die Kreisbögen dürfen schon wegen ihrer Stellung in der
schulischen Kreislehre nicht vergessen werden. Diese Reichhal-
tigkeit an darstellbaren und referierbaren elementaren Objekten
ist also aus curricularen Gründen notwendig. Sogenannte adressa-
tenorientierte geometrie-didaktische Überlegungen, Präfiguratio-

nen von Geraden und Halbgeraden im geometrischen Anfangsunterricht der SI nicht zu behandeln, ignorieren die Stellung dieser
Begriffe im mathematischen Gesamtcurriculum dieser Stufe und in
der neuzeitlichen Elementargeometrie. Es sei noch erwähnt, daß
CAD-Systeme mit einer im wesentlichen anderen Zielsetzung als
sie das geometrische Zeichnen in der Schule hat, keine adäquate
Erzeugung von Geraden und Halbgeraden sowie Winkeln kennen.
Die Elementargeometrie wird heute von Klasse 5/6 an unter Einbeziehung der Strecken- und Winkelmessung (etwa mit dem Geodreieck) betrieben. Die Strecken- und Winkelmessung ist durch didaktisch orientierte Axiomensysteme für die reelle euklidische
Ebene abgesichert (vgl. u.a. [4]). Außerdem werden Konstruktionsaufgaben meist mit Maßangaben für Winkel und Strecken gestellt, bei deren Lösung der Schüler Strecken- und Winkelmessung
zum Strecken-Abtragen und Winkel-Antragen verwendet. Wir formulieren deshalb:

•• Spezielle Forderung 3:
Ein Grafiksystem zum geometrischen Konstruieren sollte auch verfügen über eine Standardfunktion zur (euklidischen) Distanzmes-
sung (bezogen auf eine relative Längeneinheit, abhängig von der
Bildschirmgröße und dem eventuell wählbaren Maßstab!) und über
eine Standardfunktion zur Messung des elementargeometrischen
Winkels (bezogen auf die Altgradeinheit als absolute Einheit).

•• Spezielle Forderung 4:
Das Grafiksystem sollte eine Funktion zur Bezeichnung der Objekte auf dem Bildschirm besitzen mit folgenden Eigenschaften:
- frei wählbare Position der Bezeichnung (eine automatische Positionierung der Bezeichnung birgt die Gefahr der Überschrei-
  bung),
- geometrieübliche Bezeichnungen,
- kein Bezeichnungszwang.

Bevor wir weitere wesentliche Forderungen aufstellen, gehen wir
kurz auf mehr technische Detail-Probleme der Konstruktions-
erstellung mit Grafiksystemen ein. Das Problem des realen (Meß-)
Lineals beschränkter Ausdehnung und das der beschränkten Zirkel-

öffnung stellt sich hier nicht in dem Maße, wie das mit den herkömmlichen Instrumenten sein könnte. Das Problem der unzugängli-
chen Punkte, das zwangsläufig beim Konstruieren in einem
rechteckigen Gebiet der Konstruktionsebene auftritt, kann durch
den Zugriff auf einen hinreichend großen virtuellen Grafikschirm
gelöst werden.

Gegenüber der Darstellung geometrischer Objekte auf dem Zeichen-
blatt ist auf dem Bildschirm eine andere Präsentation unter Berücksichtigung des Randschnitts (clipping) üblich. Der beim Konstruieren auftretende systematische Fehler hängt ab von der Güte
der dem System zugrundeliegenden Arithmetik und der Güte der numerischen Standardfunktionen; er ist im Gegensatz zu den traditionellen Werkzeugen ohne Bedeutung. Fehler, die aus der Verwendung der physikalischen Instrumente (Bleistiftdicke, Papierober-
fläche usw.) herrühren, fallen weg, z.b. gibt es kein Problem
des schleifenden Schnitts mehr. Irritationen in der visuellen
Wahrnehmung der mit dem "Computer" erzeugten geometrischen Konfigurationen, wie sie durch zu geringe Grafik-Auflösung, der
durch fehlende Justierung von Grafikschirm oder Ausdruck-Bild
hervorgerufen werden können, entsprechen nicht der internen Repräsentation und sind als temporär zu erachten.

Die bisherigen Forderungen orientieren sich an der Kompatibili-
tät zur Schulgeometrie, insbesondere an der Lösungsweg-Kompati-
bilität. Die bloße Simulation von Zirkel-, Lineal- und Geodrei-
eck-Konstruktionen mit dem Computer als interaktivem Werkzeug in
der Schulgeometrie reicht allein nicht aus, um diese Art des
Computereinsatzes zu legitimieren. Es müssen weitere Forderungen
erhoben werden, die neue Möglichkeiten des Geometrielernens eröffnen und die die Schwächen der bisherigen Werkzeuge auszuglei-
chen gestatten (vgl. Abschnitt 2.).

● Allgemeine Forderung 2:
Zusätzlich zur Möglichkeit, mit den herkömmlichen Werkzeugen
ausführbare Konstruktionen zu simulieren, soll ein Grafiksystem
zum schulgeometrischen Konstruieren über folgende Optionen verfügen:

- Ausführen von Grundkonstruktionen als selbständige Befehle bzw.
  Menuepunkte,
- Definieren und Anwenden von Makro-Konstruktionen (zur indivi-
  duellen Erweiterung des Konstruktionsrepertoires usw.),
- Variieren von Konfigurationen nach Lage, Ausdehnung im Zug-Mo-
  dus (Verbreiterung der induktiven Basis zur Erkenntnisgewin-
  nung),
- Dynamisches Messen von Strecken, Winkeln und (polygonalen)
  Flächen im Zug-Modus,
- Erzeugen von Ortslinien,
- Wiederholen von Konstruktionsverläufen,
- Erstellen von Konstruktionsbeschreibungen, die Konstruktions-
  wiederholungen mit anderen Anfangsobjekten gestatteten (sog.
  Skripts),
- Anwenden von weiteren Systemfunktionen zum Manipulieren, Edi-
  tieren und Verwalten von Konstruktionen.

1.2 Software-ergonomische Forderungen

Eine wichige Voraussetzung für die Akzeptanz und Effizienz von
Tools ist ihre Benutzerfreundlichkeit.

● Allgemeine Forderung:
Das Graphiksystem zum geometrischen Konstruieren soll
"schülerfreundlich" sein.
Sind folgende Software-ergonomischen Prinzipien realisiert?
Prinzip der Aufgabenangemessenheit: Das Lösen von Konstruktionsaufgaben und das Entdecken geometrischer Aussagen durch den
Schüler soll unterstützt werden, ohne daß dieser Prozeß durch
spezifische Eigenschaften des Systems (etwa durch die Dialogfüh-
rung) unangemessen behindert wird.
Prinzip der Erwartungskonformität: Die Interaktion mit dem System soll denjenigen Erwartungen des Schülers entsprechen, die
er bereits aus Erfahrungen mit Arbeitsabläufen beim Konstruieren
ohne und mit dem Computer hat (vgl. auch die allgemeine Forderung 1).
Prinzip der Übersichtlichkeit: Das System soll sich dem Schüler
"übersichtlich" darstellen, das betrifft die zeitliche und ört-

liche Organisation grafischer und verbaler Informationen auf dem
Bildschirm, deren Codierung und Wahrnehmbarkeit (Screen Design).
Prinzip der Transparenz: Das System soll für den Schüler
"durchschaubar" sein; das bezieht sich auf die Kommandostruktur,
auf die "Tiefe und Breite" der Menuebäume, auf die Meldungen des
Systems an den Schüler usw.
Prinzip der Selbsterklärung: Globale und lokale Hilfen und Erläuterungen (bei Orientierungsverlust, unbekannter Abfrage,
falscher Eingabe, Überschreitung der Systemleistungsgrenzen, Exploration des Systems) in schülerverständlicher Formulierung erfolgen automatisch bzw. können abgerufen werden.
Prinzip der Flexibilität: Weitreichende Anpassungsmöglichkeiten
an den Kenntnisstand des Schülers (etwa veränderbare Menues).
Der mit dem Umgang des Systems wachsenden Beherrschung des Systems durch den Schüler ist Rechnung zu tragen (etwa durch
selbstdefinierbare Zeichnungsmakros und Makrokonstruktionen. Der
Schüler soll den Bedienvorgang jederzeit unterbrechen und diesen
nach Benutzung eines anderen Systemteils an der Unterbrechungs-
stelle fortsetzen können.
Prinzip der Fehlerbehandlung:
Trotz Eingabefehler soll es dem Schüler möglich sein, zu einem
gewünschten Konstruktionsergebnis zu kommen. Dem Schüler wird
die Ursache des Fehlers zum Zweck seiner Verbesserung mitgeteilt, was ohne (intelligente) tutorielle Komponente nur sehr
beschränkt möglich ist. Das System verzeiht dem Schüler zumindest den zuletzt begangenen Konstruktionsfehler mittels einer
Undo-Funktion...

1.3 Summarisches Ergebnis einer Analyse von interaktiven 2-D- Grafiksystemen für das schulgeometrische Konstruieren

Mit Ausnahme neuerer prototypischer Entwicklungen von 2-D-Gra-
fiksystemen zum schulgeometrischen Konstruieren genügen die bisher entworfenen kommandogetriebenen bzw. menuegesteuerten Grafiksysteme diesen erhobenen Forderungen nicht:
- Keines der Grafiksysteme erfüllt alle geometrischen Forderungen
  nach Lösungswegkompatibilität.

- Weitergehende konstruktive Möglichkeiten als die Simulation von Konstruktionen mit den traditionellen Werkzeugen sind kaum realisiert und wenn, dann ohne individuelle Interaktionsmöglichkeit.
- Bei keinem der Grafiksysteme sind software-ergonomische Prinzipien ausreichend berücksichtigt.
- Starke Einschränkung der Interaktivität durch Zwang der Namensgebung für geometrische Grundobjekte.
- Referierbarkeit der Grundobjekte nur mit Namen (als Folge eines fehlenden Grafikeingabe-Gerätes, z.B. Maus).

Die Systeme unterstützen vorwiegend planendes Vorgehen (vgl. [5]). - Aus software-ergonomischer Sicht sind besonders solche 2-D-Grafiksysteme geeignet, die eine desktop-orientierte Benutzeroberfläche besitzen und die die allgemeine Forderung 2 erfüllen. Vorarbeiten für einen Ausbau dieser Tools zu intelligenten tutoriellen Systemen für das Lösen bestimmter Klassen von Konstruktionsaufgaben bzw. für die intelligente Unterstützung bei der Systembedienung sind im Gange. Außerdem werden in die Konstruktionssysteme Möglichkeiten für planimetrische Berechnungen integriert.

2. Erste didaktische Folgerungen für das Geometrielernen

Neue Aspekte des Geometrielernens ergeben sich vor allem bei
- der induktiven Satzaneignung und Begriffsbildung,
- Der Messung von Strecken, Winkeln und (polygonalen) Flächen,
- dem Konstruieren von Ortslinien,
- dem Definieren und Anwenden von Makro-Konstruktionen,
- dem Lösen von (planimetrischen) Konstruktionsaufgaben
usw.

Der Einsatz geeigneter interaktiver 2-D-Grafiksysteme unterstützt vor allem den explorativen und rekonstruktiven Zugang zur planaren Elementargeometrie. Aus Platzgründen müssen wir uns bei der Illustration dieser Möglichkeiten auf weniger Beispiele beschränken. Die Darstellung der Beispiele erfolgt auf dem Medium Papier - notgedrungen - in statischen Phasenbildern.

Als prototypisches 2-D-Grafiksystem für das planimetrische Konstruieren verwenden wir hier den Cabri-Geometer in der Version

1.0, der sich besonders durch seine Interaktivität auszeichnet, aber noch nicht voll kompatibel zur Planimetrie ist (vgl. [1], [7]; eine MS-DOS Fassung des verwendeten Systems für deutsche Benutzer ist im CoMet-Verlag/Duisburg erschienen). Eine wesentliche Voraussetzung für fast alle der genannten interaktiven Konstruktionsmöglichkeiten, die über die Simulation von Zirkel-, Lineal- und Geodreieckkonstruktionen hinausgehen, ist der Zug-Modus (vgl. [9]): Mit dem Zug-Cursor (im folgenden symbolisiert durch eine greifende Hand) können wir die Basisobjekte einer Konstruktion, das sind die die Konstruktion bestimmenden Punkte, Geraden oder Kreise, frei bewegen. Die Konfiguration wird dadurch transformiert. Die durch den Zug-Modus gegebene Transformation ist - abgesehen von gewissen Fällen der Degenerierung von Konfigurationen, geraden- und kreistreu (vgl. Abb. 1.1-1.3 - Variation eines Dreiecks mit Mittelsenkrechten und Umkreis durch Ziehen einer Ecke des Dreiecks). Folgende Relationen sind im allgemeinen invariant bei der Zug-Modus-Transformation (gemäß Voreinstellung des Systems):
- Parallelität,
- Orthogonalität,
- Teilverhältnis,
- Punkt- und Geradensymmetrie.

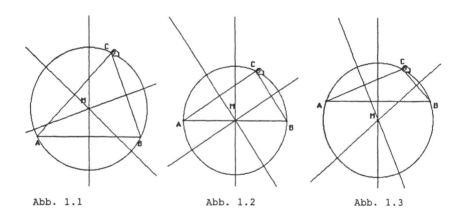

Abb. 1.1   Abb. 1.2   Abb. 1.3

Die Inzidenzrelation bleibt für den Fall, daß Schnitt- oder Berührpunkte durch das Ziehen von Objekten verlorengehen, nicht
erhalten.
Der Zug-Modus kann auf Vielecke je nach Vorgabe von Basisobjek-
ten, die das betreffende Vieleck ganz oder teilweise bestimmen,
wirken als
- gleichsinnig kongruente Transformation,
- gleichsinnig äquiforme Transformation,
- (lokal) achsenaffine Transformation.

Vielecke können auch als "Gelenkvielecke" variiert werden, wenn
seine Seiten vorgegeben sind.

2.1 Sätze und Begriffe induktiv aneignen

● Schwächen der induktiven Satzaneignung mittels herkömmlicher
Konstruktion von Konfigurationen:
- zeitaufwendige und oft ungenaue Konstruktionen einer genügend
  großen Anzahl von geeigneten Konfigurationen, die den
  betreffenden Satz repräsentieren,
- nur Sätze zugänglich, die auf weniger komplexen Konfigurationen
  beruhen,
- zeitaufwendige und fehlerhafte Messungen bzw. Berechnungen,
- statische Konfigurationen, die bisher meist nur durch mentale
  Vorstellungen beweglich gemacht werden können.
  (Piktoralistische These: Mentale Vorstellungen von
  Figurentransformationen werden analog den realen
  Transformationen an Figurenmodellen gebildet.)
Entsprechendes gilt für die Bildung von Figurenbegriffen mittels
Elemente entsprechender geometrisierter Begriffsumfänge.

● Neue Möglichkeit: Interaktives Variieren von Konfigurationen
durch Lageänderung der sie bestimmenden Objekte (sog. Basisobjekte) im Zug-Modus.
Der Übergang von einem Zustand zum anderen erfolgt kontinuierlich (d.h. in Realzeitverarbeitung) durch individuelle Cursor-
führung.

Durch das Bereitstellen der zu variierenden Konfiguration kann
der Prozeß der Erkenntnisfindung von der Erstellung der Konfiguration weitgehend abgekoppelt werden.
Konfiguratives Beweglichkeitsprinzip: Beim Einsatz geeigneter
interaktiver Grafiksysteme zum geometrischen Konstruieren kann
auf die induktive Satzfindung mittels folgender Möglichkeiten
des kontinuierlichen Variierens geometrischer Konfigurationen
hingearbeitet werden [6]:
- Aus einer Konfiguration in großer Variationsbreite viele weitere isomorphe Konfigurationen (mit stetigen Übergängen, d.h.
  in Realzeitverarbeitung) erzeugen.
- Stetige Übergänge zwischen Sonderfällen derselben Konfiguration
  erzeugen.
- Aus einem allgemeinen Fall spezielle Fälle einer Konfiguration
  durch stetige Übergänge erzeugen.
- Aus einem speziellen Fall allgemeinere Fälle einer Konfiguration durch stetige Übergänge erzeugen.
- Grenzfälle einer Konfiguration durch stetige Übergange erzeu-
  gen.
Realisierung des operativen Prinzips: Die stetige Änderung von
geometrischen Konfigurationen mittels geeigneter interaktiver
Grafiksysteme ermöglicht eine wirklich operative Orientierung
von Satzfindungsprozessen:
Welche Eigenschaften einer Konfiguration bleiben (nicht) invariant beim stetigen, individuell durchgeführten Änderungsvorgang?
Elementargeometrische Sätze ergeben sich so als INVARIANZAUSSA-
GEN bei stetigem Verändern von geometrischen Konfigurationen.
Die vorstehenden Möglichkeiten der Variation von Konfigurationen
zur Satzfindung erläutern wir an folgenden ausgewählten Beispie-
len.

Beispiel 1 (Dreieck-Umkreismittelpunkt): In Abbildung 1 ist die
kontinuierliche Variation eines Dreiecks mit seinem Umkreis und
dem Umkreismittelpunkt M dargestellt. M ist Schnittpunkt aller
Mittelsenkrechten. M liegt im Inneren des Dreiecks auf einer
Dreieckseite, im Äußeren des Dreiecks, je nachdem, ob das Dreieck spitzwinklig, rechtwinklig, stumpfwinklig ist.

Beispiel 2 (Abstandssumme beim gleichseitigen Dreieck): In Abbildung 2.1-2.3 erkennt man, daß die Summe der Abstände eines
Punktes im Inneren bzw. auf dem Rand eines gleichseitigen Dreiecks konstant (gleich seiner Höhe) ist. Diese Aussage kann noch
verallgemeinert werden, wenn der Punkt in das Dreieckäußere wandert (Abb. 2.4, 2.5), dabei ist die im Äußeren liegende Lot-
strecke negativ zu nehmen. Die zulässige Lage des Punktes ist
durch seine Lote auf die Ecken des Dreiecks begrenzt (Abb. 2.6).
Der geometrische Ort der Grenzlagen bildet ein regelmäßiges
Sechseck.

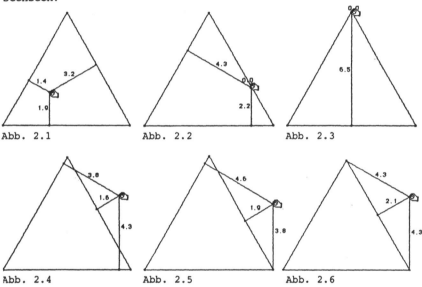

Abb. 2.1   Abb. 2.2   Abb. 2.3

Abb. 2.4   Abb. 2.5   Abb. 2.6

Beispiel 3 (Mittenvierecke der Anquadrate eines Vierecks): Auf
die Seiten eines Vierecks haben wir mittels eines geeigneten Makros Quadrate mit ihren Mittelpunkten aufgesetzt (Abb. 3.1). Wir
variieren das Basisviereck und beobachten das Viereck aus den
Quadratmitten (Abb. 3.2). Wenn das Basisviereck parallelogramm-
ähnlich wird, dann sieht das Mittenviereck wie ein Quadrat aus
(Abb. 3.3); wir messen Winkel und Seiten nach (Abb. 3.4) und
Korrigiern, bis die Meßwerte ein »quadratisches« Mittenviereck

58

zeigen (Abb. 3.5). Die Parallelogrammgestalt des Ausgangs-
vierecks wird überprüft (Abb. 3.6).

Wir festigen unsere Erkenntnis, indem wir ein Parallelogramm mit
oder ohne Makro konstruieren - und dann das Parallelogramm variieren (Abb. 3.7). Auch für ein entartetes Parallelogramm ist das
Mittenviereck ein Quadrat (Abb. 3.8). Das Umschlagen des Parallelogramms nach der »anderen Seite« hat ein Umschlagen der Sei-
tenquadrate nach »innen« zur Folge; das Mittenviereck bleibt
quadratisch (Abb. 3.9). Wir haben damit den Satz von Napoleon-
Barlotti für n=4 gefunden: Das Verbindungs-n-Eck der Mitten der
regelmäßigen n-Ecke über den Seiten eines affin-regulären n-Ecks
ist regulär.

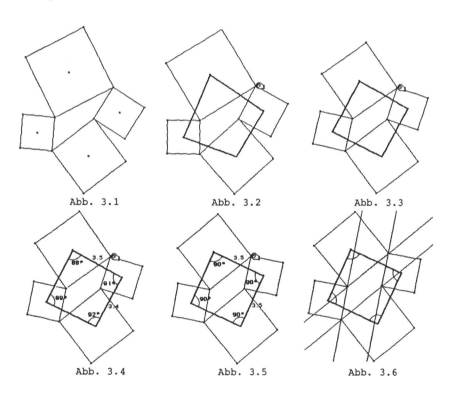

Abb. 3.1   Abb. 3.2   Abb. 3.3

Abb. 3.4   Abb. 3.5   Abb. 3.6

59

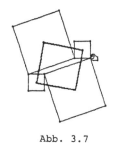 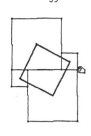 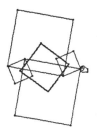

Abb. 3.7   Abb. 3.8   Abb. 3.9

2.2 Strecken, Winkel und Flächen messen

● Schwächen des herkömmlichen Messens von Strecken, Winkeln und
(Polygonalen) Flächen:
- subjektive und werkzeugbedingte Meßfehler (vor allem bei der
Winkelmessung),
- zeitaufwendige Berechnungen von (polygonalen) Inhalten,
- auf funktionale Zusammenhänge zielende Fragestellungen sind
kaum angehbar, da die zu messenden Figuren statisch,
- dynamisches In-Beziehung-Setzen von geometrischen Größen ist
nicht möglich.

● Neue Möglichkeit: Automatisches Messen von Strecken, Winkeln
und (polygonalen) Flächen und dynamisches Messen beim kontinuierlichen Variieren der zu messenden Objekte im Zug-Modus.

Beispiel 4 (Regelmäßiges Fünfeck - experimentelle Begriffsbildung): Ein Fünfeck (Abb. 4.1) soll zu einem Fünfeck mit gleich
großen Seiten und Innenwinkeln verändert werden. Durch ziehen
der Ecken, am besten reihum (Abb. 4.2), erhalten wir ein
»seiten- und winkelgleiches« Fünfeck (Abb. 4.3).

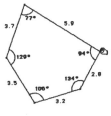 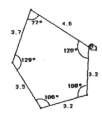 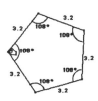

Abb. 4.1   Abb. 4.2   Abb. 4.3

Beispiel 5 (WSW-Aufgabe): In Abbildung 5.1 ist das Ergebnis der
Konstruktion eines Dreiecks aus einer Seite und den anliegenden
Winkeln zu sehen. Wir können die gegebenen Stücke ebenso wie die
sich ergebenden Stücke des Dreiecks messen (Abb. 5.2). Durch Variation der extern gegebenen Stücke werden die Ergebnisstücke am
Dreieck variiert (Abb. 5.3). Es liegt also eine grafische Funktion mit Eingabe- und Rückgabeobjekten mit ihren Meßwerten vor.
Die interaktive Variation der Eingabeparameter im Zug-Modus än-
dert die Rückgabeparameter. Änderung der gegebenen Seite und des
gegebenen zweiten Winkels in Abbildung 5.4, 5.5. Wird der zweite
Winkel zum 180°-Komplement des ersten Winkels gemacht, so entar-
tet das Dreieck, d.h., seine Spitze wandert ins Unendliche (Abb.
5.6).

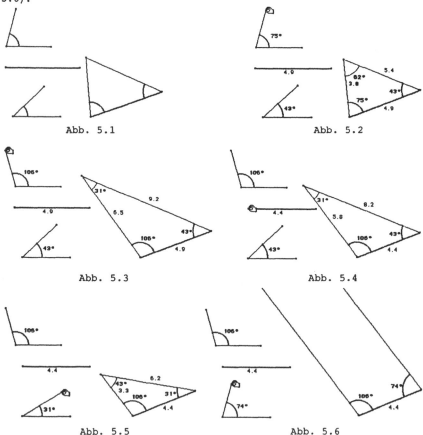

Abb. 5.1   Abb. 5.2

Abb. 5.3   Abb. 5.4

Abb. 5.5   Abb. 5.6

2.3 Ortslinien konstruieren

● Schwächen der herkömmlichen Konstruktion von Ortslinien:
- zeitaufwendiges, stereotypes Wiederholen derselben Konstruktion,
- ungenaue Freihandinterpolation.

Die Konstruktion von Ortslinien wird in der bisherigen Schulgeometrie kaum praktiziert - es reicht, wenn man das in der Analysis macht!

● Neue Möglichkeit: Interaktives Erzeugen von Ortslinien durch individuelles Bewegen eines Punktes auf einer Führungslinie, wobei ein von diesem Punkt konstruktiv abhängiger die Ortslinie Punkt für Punkt erzeugt. Der operativen Fragestellung: Welche Linie beschreibt der vom X konstruktiv abhängige Punkt Y, wenn X auf einer Führungslinie (oder auch frei) bewegt wird? kann nachgegangen werden.

Die Interaktive Erzeugung von Ortslinien kann effizient angewandt werden u.a.
- in der heuristischen Phase des Lösens von Konstruktionsaufgaben,
- zur experimentellen Verifikation von Konstruktionsergebnissen,
- bei Untersuchungen zur Lage und Art von Bildmengen bei Abbildungen,
- zur Konstruktion von algebraischen Kurven 2. Ordnung (Kegelschnitten) und höherer Ordnung,
- bei formenkundlichen Untersuchungen von Ortslinien spezieller Punkte im Dreieck.

Zur Veranschaulichung der interaktiven Ortslinienerzeugung geben wir hier zwei Beispiele aus der »Kreislehre« auf (eine erste didaktische Systematisierung in [8]).

Beispiel 6 (Lotfußpunktkurve): Bewegt man den Berührungspunkt einer Kreistangente, so generiert der Lotfußpunkt F des Lotes vom Drehpol P auf die Kreistangente eine Pascalsche Schnecke (Abb. 6).

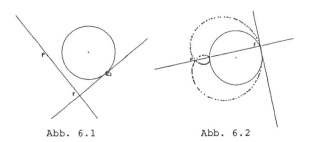

Abb. 6.1   Abb. 6.2

Beispiel 7 (Schwerpunktkreis): Welche Linie beschreibt der
Schwerpunkt eines Dreiecks, wenn eine Ecke des Dreiecks (hier:
C) auf dem Umkreis bewegt wird? (Abb. 7)

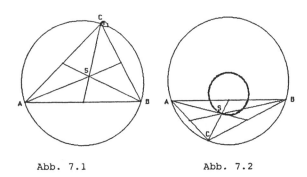

Abb. 7.1   Abb. 7.2

2.4 Makro-Konstruktionen definieren und anwenden

● Schwächen bei der herkömmlichen Ausführung von Grundkonstruktionen oder anderen mehrfach anzuwendenden individuellen Konstruktionen:
Das Ausführen mit den herkömmlichen Werkzeugen
- ermutigt nicht zu einem probierenden Vorgehen (trial und
  error),

- lenkt vom Konstruktionsziel ab,
- schränkt die Genauigkeit der gesamten Konstruktion weiter ein,
- ist zeitaufwendig (ohne Gewinn neuer Einsichten) - auch wegen der Vergeßlichkeit und mangelnder Übung,
- macht die Konstruktion unübersichtlich wegen der unumgänglichen Hilfslinien,
- entspricht nicht der modularen Repräsentationen des Konstruktionsverlaufs in der mentalen Vorstellung (»einem mentalen Großschritt entsprechen viele manuelle Kleinschritte«).

● Neue Möglichkeit: Interaktives Definieren von Makro-Konstruktionen als grafische Funktionen (durch Anklicken der initialen Objekte und der gewünschten Zielobjekte in einem Zeichnungsunikat - Bewußtwerden: Was war gegeben, was zu konstruieren. Anschließend individuelle Namenseingabe). Interaktives Anwenden von Makro-Konstruktionen durch Anklicken des Namens der Makro-Konstruktion und der Anfangsobjekte: Die Zielobjekte werden zur Weiterverarbeitung ausgegeben. - Zusätzlich zum Definieren des Makros durch direktes Anklicken der Basisobjekte können die Basisobjekte auch außerhalb einer Figur bzw. Konfiguration vorgegeben werden und sind dort anzuklicken (dazu sind vorher z.B. die Makros »Streckenabtragen« und »Winkelantragen« zu definieren).

Das interaktive Definieren von Makro-Konstruktionen, eine wesentliche und vielseitige Werkzeugkomponente, erläutern wir an zwei ausgewählten Beispielen.

Beispiel 8 (Umkreis des Dreiecks): Konstruktion des Umkreises (Abb. 8.1). Festlegen des Anfangsobjektes Dreieck (Abb. 8.2, fett hervorgehoben); es können alternativ auch die drei Eckpunkte oder die drei (einzelnen) Seiten als Anfangsobjekte markiert werden. Markierung der Zielobjekte Mittelpunkt und Umkreis (Abb. 8.2, punktiert hervorgehoben). Benennen der Makro-Konstruktion (Abb. 8.3). Der Name des Makros erscheint am Ende des Menüs »Konstruktionen« und kann dort ausgewählt werden (Abb. 8.4). Anwendung auf Anfangsobjekte liefern die gewünschten Zielobjekte (Abb. 8.5).

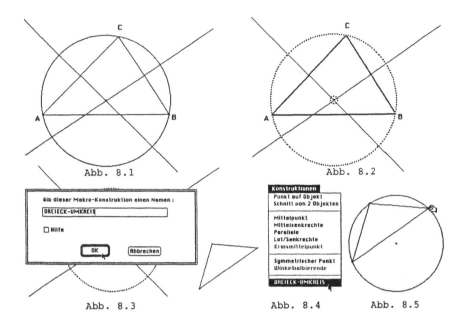

Abb. 8.1

Abb. 8.2

Abb. 8.3

Abb. 8.4

Abb. 8.5

Beispiel 9 (Verwandlung eines Vierecks in ein inhaltsgleiches Quadrat): Um das Problem, ein Viereck in ein inhaltsgleiches Quadrat zu verwandeln, modularisieren wir dieses, indem wir folgende Makro-Konstruktionen definieren, die auf üblichen Konstruktionen basieren: inhaltsgleiche Verwandlung eines Vierecks in einen Drachen, inhaltsgleiche Verwandlung eines Drachens in eine Raute und inhaltsgleiche Verwandlung einer Raute in ein Quadrat. Diese Makros können wir nun zur Gesamtlösung des Problems zusammensetzen: Wir wenden auf ein Viereck das 1. Makro an und erhalten einen inhaltsgleichen Drachen (Abb. 9.1); Anwendung des 2. Makros auf den Drachen liefert eine inhaltsgleiche Raute (Abb. 9.2) - den Drachen können wir der Übersicht wegen verstekken (Abb. 9.3); aus der Raute lassen wir mit dem 3. Makro, ein inhaltsgleiches Quadrat machen und verstecken die Raute (Abb. 9.4). Jetzt definieren wir das Makro, das aus jedem Viereck das bis auf die Lage eindeutig bestimmte inhaltsgleiche Quadrat macht.

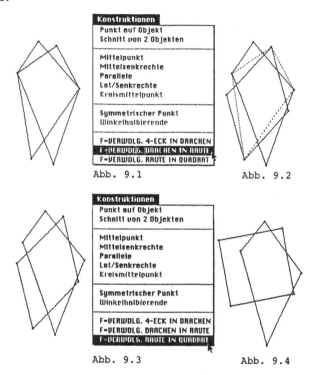

Konstruktionen

Punkt auf Objekt
Schnitt von 2 Objekten

Mittelpunkt
Mittelsenkrechte
Parallele
Lot/Senkrechte
Kreismittelpunkt

Symmetrischer Punkt
Winkelhalbierende

F=VERWDLG. 4-ECK IN DRACHEN
F=VERWDLG. DRACHEN IN RAUTE
F=VERWDLG. RAUTE IN QUADRAT

Abb. 9.1   Abb. 9.2

Konstruktionen

Punkt auf Objekt
Schnitt von 2 Objekten

Mittelpunkt
Mittelsenkrechte
Parallele
Lot/Senkrechte
Kreismittelpunkt

Symmetrischer Punkt
Winkelhalbierende

F=VERWDLG. 4-ECK IN DRACHEN
F=VERWDLG. DRACHEN IN RAUTE
F=VERWDLG. RAUTE IN QUADRAT

Abb. 9.3   Abb. 9.4

2.5 Konstruktionsaufgaben lösen

● Schwächen des Lösens von Konstruktionsaufgaben mit den herkömmlichen Werkzeugen:
- geringe Unterstützung durch die herkömmlichen Werkzeuge in der heuristischen Phase des Lösungsprozesses,
- geringe Möglichkeiten der Korrektur von Konstruktionsfehlern,

- keine Möglichkeit, die Zeichnung anders zu positionieren oder zu variieren (auch der Größe nach),
- keine Möglichkeit, die Konstruktion wiederholen zu lassen usw. (s. auch unter 2.4).

● Neue Möglichkeiten: Besonders in der heuristischen Phase des Lösens von Konstruktionsaufgaben kommen alle Möglichkeiten des interaktiven Konstruktionswerkzeugs zum Tragen (vgl. Diagramm; ein Pfeil bedeutet: "... unterstützt..."). Die heuristische Phase kann dabei durch folgende Aktivitäten beschrieben werden (vgl. [3]):

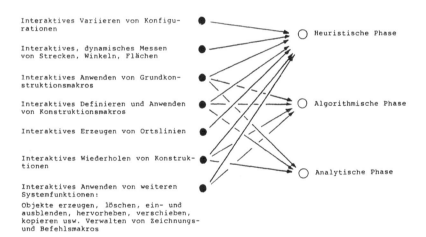

Interaktives Konstruieren u n t e r s t ü t z t Lösen von Konstruktionsaufgaben

Interaktives Variieren von Konfigurationen

Interaktives, dynamisches Messen von Strecken, Winkeln, Flächen

Interaktives Anwenden von Grundkonstruktionsmakros

Interaktives Definieren und Anwenden von Konstruktionsmakros

Interaktives Erzeugen von Ortslinien

Interaktives Wiederholen von Konstruktionen

Interaktives Anwenden von weiteren Systemfunktionen:
Objekte erzeugen, löschen, ein- und ausblenden, hervorheben, verschieben, kopieren usw. Verwalten von Zeichnungs- und Befehlsmakros

Heuristische Phase

Algorithmische Phase

Analytische Phase

Diagramm

- Konfiguration zeichnen, die den gegebenen Bedingungen genügt,
- Konfiguration variieren und dabei auf (vollständige) Fallunterscheidungen achten,
- erste Überlegungen zur Determination ausstellen,
- Konfiguration durch Einzeichnen von Hilfslinien ergänzen,
- Beziehungen von der Konfiguration ablesen,
- heuristische Strategien anwenden.

Diese Aktivitäten können kraft der neuen Werkzeuge ergänzt werden u.a. durch das Herstellen einer experimentellen Lösung im Zug-Modus und/oder mit interaktiver Ortslinienerzeugung, die den gegebenen Bedingungen genügt.

Die algorithmische Phase ist gekennzeichnet durch die Ausführung des gefundenen Lösungsweges mit Hilfe von Grundkonstruktionen, wobei die Lösungen sich aus den gegebenen Objekten (aufgrund nicht zu explizierender geometrischer Aussagen) eindeutig ergeben. Durch die Definition einer Makro-Konstruktion ist diese Phase abzuschließen. Der Wiederhol-Modus gestattet eine Protokollierung des Konstruktionsverlaufs.
Auf die hilfreichen Editier- und Dateiverwaltungsfunktionen gehen wir hier nicht ein (vgl. [7]).

Im folgenden illustrieren wir den durch das interaktive Konstruieren unterstützten Lösungsvorgang, insbesondere die heuristische Phase am Beispiel einer Einschubaufgabe.

Beispiel 10: Gegeben sind zwei Geraden a, b und ein Punkt P. Gesucht ist ein gleichseitiges Dreieck, das P als Ecke hat und dessen restliche Ecken auf a und b liegen. Wir wählen einen auf a frei beweglichen Punkt A und konstruieren über PA mittels des Makros »GLEICHSEITIGES DREIECK« ein solches (Abb. 10.1 - heuristische Methode: Weglassen einer Bedingung). Variation der Lage von A auf a erzeugt eine experimentelle Lösung mit B auf b (Abb. 10.2). - Erste Determination der Aufgabe: Variation der Lage von P läßt ebenfalls eine solche Lösung zu (ohne Abb.). Eine weitere experimentelle Lösung erhalten wir durch Anwenden des Makros auf AP; P, A, B bilden dann ein Rechtstripel. - Bei der Bewegung von A auf a, die zu einer experimentellen Lösung führt, beschreibt B eine Ortslinie, deren Schnitt mit b den gesuchten dritten Eck-

punkt bestimmt (Abb. 10.3 - Methode: Ortslinienmethode; kinema-
tischer Vorgang: das gleichseitige Dreieck wird um P gedreht und
gestreckt). Die Ortslinie wird dabei mit der Option »Ortslinie«
generiert; sie ist eine Gerade. - Leider ist nun die Methode des
Rückwärtsarbeitens nicht vollständig durchführbar, da mit der in
Abbildung 10.3 erzeugten Ortslinie nicht weiter konstruiert werden kann. Das ist ein Mangel des vorliegenden Werkzeugs. Wir
versuchen den werkzeugbedingten methodischen Bruch zu heilen,
indem wir a um P drehen bis die Bildgerade a' durch B geht (Abb.
10.4, 10.5). Zur Überprüfung wird A auf a bewegt, B muß dabei
auf a' laufen, dazu kann man auch die Ortslinienerzeugung einsetzen (die Ortslinie von B muß dann mit a zusammenfallen). Winkelmessung ergibt einen Winkel zwischen a und a' von 60½, und a
muß um 60½ um P gedreht werden (Abb. 10.6). Damit ist die heuristische Phase der Lösungsfindung abgeschlossen. - Die entsprechende Zirkel-Lineal-Konstruktion kann mit zweifacher Anwendung
des Makros »GLEICHSEITIGES DREIECK« abgekürzt werden. Im Wiederhol-Modus können wir uns aber die ausführliche Konstruktion mit
allen Hilfslinien zeigen lassen (Abb. 10.7).
Die algorithmische Phase schließen wir ab durch Definition eines
Makros mit den Startobjekten a, b und P (in Abb. 10.8 fett) und
den Zielobjekten (in Abb. 10.8 gestrichelt). Wir benennen das
Makro mit »LSG.abP - AUFGABE«, wenden es auf irdendeine abP-Kon-
figuration (zweifach) an und variieren die Lage von a, b und P
um das Makro zu testen (Abb. 10.9 für Lagevariation von P). Eine
systematische Untersuchung der Lösbarkeit in Abhängigkeit des
Winkels zwischen den Geraden und der Lage von P schließt sich
an.

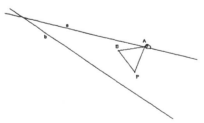

Abb. 10.1

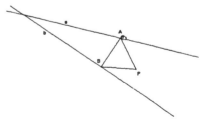

Abb. 10.2

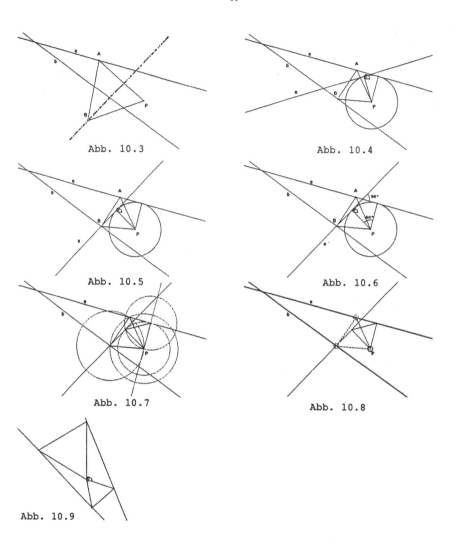

Abb. 10.3

Abb. 10.4

Abb. 10.5

Abb. 10.6

Abb. 10.7

Abb. 10.8

Abb. 10.9

3. Schlußbemerkung

Erste von Schülem einer 8. Realschulklasse mit dem System als
Lernmittel gemachte Erfahrungen zeigen eine hohe Motivation,
das System zu benutzen; die lokalen Hilfen erleichtern die an-
fängliche Systembedienung. Die positiven Erfahrungen betreffen

Beispiele zu allen vorstehenden Einsatzmöglichkeiten (Abschnitt
2.1 - 2.5). Die Schüler neigen beim Lösen von Konstruktionsaufgaben, sich mit der experimentellen Lösung zufrieden zu geben,
die sie mit Verwendung des Zug-Modus erhalten. Mit den folgenden
normativen Forderungen werden die Schüler auf die Simulation von
entsprechenden Zirkel-, Linealkonstruktionen verwiesen:
- die Konstruktion soll stabil gegenüber dem Zug-Modus sein,
  wenn die Anfangsobjekte variiert werden;
- die Lösung soll durch die Definition einer Makrokon-
  struktion abgeschlossen werden.
Es zeigt sich, daß in der vorwiegend konstruktiven Einsatzform
des Systems die Beherrschung von Zirkel- und Linealkonstruktionen (mit und ohne Computer) eine wichtige Lernvoraussetzung darstellt, um mit dem System ein Konstruktionsrepertoire in Gestalt von Makrokonstruktionen aufzubauen und geometrische Aussagen als Invarianzaussagen bei Anwendung des Zug-Modus auf Konfigurationen zu entdecken.

Literatur

[1] Baulac - F. Bellemain - J.M. Laborde: Cabri-Géomètre. - Uni-
versité Joseph Fourier, Grenoble 1988/1989.

[2] D. Hilbert: Grundlagen der Geometrie. - Stuttgart: Teubner
1962.

[3] G. Holland: Die Bedeutung von Konstruktionsaufgaben für den
Geometrieunterricht. - Beiträge zum Mathematikunterricht 1973,
11-24.

[4] G. Holland: Geometrie für Lehrer und Studenten, Band 1/2. -
Hannover: Schrödel 1974.
[5] H. Schumann: Der Computer als Werkzeug zum Konstruieren im
Geometrieunterricht. - ZDM 20 (1988) Heft 6, 248-263.

[6] H. Schumann: Satzfindung durch kontinuierliches Variieren
geometrischer Konfigurationen mit dem Computer als interaktivem
Werkzeug. - MNU 35 (1989) Heft 4, 22-37.

[7] H. Schumann: Ein geeignetes Grafiksystem für das schulgeometrischen Konstruieren in der Planimetrie. - mathematik lehren (1989) Heft 36, S. 54 - 57

[8] H. Schumann: Interaktives Erzeugen von Ortslinien - ein Beitrag zum computerunterstützten Geometrieunterricht. In mathematik lehren 1990 Heft 38, Febr., 10-18

[9] H. Schumann: Geometrie im Zug-Modus (Drag-Mode-Geometry). - Erscheint in DdM 18 (1990), Heft 4

Die vorstehende Arbeit ist die modifizierte Fassung eines Vortrags auf der 81. Hauptversammlung des Fördervereins für den mathematisch und naturwissenschaftlichen Unterricht 1990 in München.

Anschrift: Prof. Heinz Schumann
          PH Weingarten
          Kirchplatz 2
          D-7987 Weingarten

Reale und imaginäre Kaleidoskope

in Computersimulation

Klaus-D. Graf, Freie Universität Berlin

1. Momente der historischen Entwicklung des Kaleidoskops

"Vom Unglück des Narziß bis zu den Abenteuern von Alice waren Spiegel immer eine Quelle von Geheimnissen und Faszination"([1] S.2). Vor allem aber das Zusammenwirken mehrerer Spiegel beschäftigte frühe Forscher und Wissenschaftler. Giambattista Della Porta beschrieb 1558 Versuche mit zwei beweglich verbundenen rechteckigen Spiegeln, Athanasius Kirchner behandelte 1645 den Zusammenhang zwischen dem Winkel der Spiegel und den entstehenden Bildern. Richard Bradley erläuterte 1717 Anwendungen dieser Konstruktion für symmetrische Gartengestaltung.
1817 ließ Sir David Brewster ein "philosophisches Spielzeug" patentieren, das er "kaleidoscope" nannte (griechisch: kalos - schöne, eidos - Ansicht, skopein - sehen). Dieses Spielzeug wurde ungeheuer populär. Den Berichten der Zeitgenossen nach zu schließen muß man sich seine Wirkung und Verbreitung ungefähr wie die von Rubik's Würfel vorstellen.
Im klassischen Kaleidoskop wurden bunte Splitter in einer Ebene zwischen zwei Spiegeln mit einem Winkel von 60 oder 45 Grad und ihre Bilder betrachtet. Das Gesamtbild ist kreisförmig und drehsymmetrisch. Brewster baute aber auch schon "teleskopische" Kaleidoskope mit einer konvexen Linse anstelle der Splitterebene, mit denen man beliebige Objekte der Umwelt betrachten kann. Er baute weiterhin "polyzentrische" Kaleidoskope oder Prismenkaleidoskope mit drei oder vier Spiegeln mit dreieckigem (gleichseitig bzw. gleichschenklig rechtwinkligem) oder quadratischem Grundriß, deren Gesamtbild die Ebene überdeckt.
Die neueste mir bekannte Form aus unserer Zeit stammt von dem ungarischen Mathematiker Szabo. Die Spiegel seines Quadroskops sind als Stumpf einer quadratischen Pyramide angeordnet, die entstehenden Bilder scheinen auf der Oberfläche einer Halbkugel zu liegen. Näheres zur Geschichte und zur Wirkung des Kaleidoskops mit vielen Illustrationen und Hinweisen auf weitere Literatur findet sich in den Aufsätzen [1] und [3].

2. Das Kaleidoskop im Unterricht - Computersimulation

Mathematisch, insbesondere schulmathematisch gesehen läßt sich die Funktion des klassischen Kaleidoskops mit dem Prinzip der Achsenspiegelung und entsprechenden Wiederholungen erklären. Dies genügt auch zum Verständnis der entstehenden drehsymmetrischen Polygone und Sternfiguren (bei zwei Spiegeln) und der möglichen Parkettie-

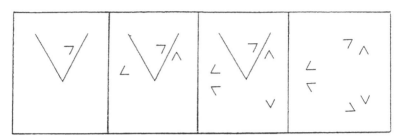

Abb. 1

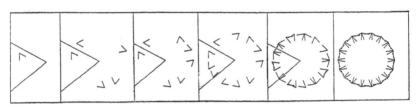

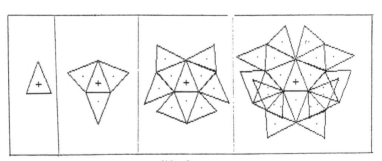

Abb. 2

Abb. 3

rungen der Ebene (bei drei oder vier Spiegeln). Bernard Hodgson
hat Wege dazu in [1] aufgewiesen.
Angeregt durch diesen Aufsatz wurde in [2] im Zusammenhang mit
allgemeineren Überlegungen zur Anwendung des Computers im Geometrieunterricht die Simulation des Kaleidoskops mit zwei Spiegeln
durch ein mathematisches Modell von zwei Achsenspiegelungen und
entsprechende Computersimulation als Beispiel behandelt. Als methodischer Vorzug des Verfahrens wurde die Möglichkeit vielfälti-
gen Experimentierens bei Fragen herausgestellt, die mit realen
Mitteln (z.B. Handspiegel und kariertes Papier) oder mit Zirkel
und Lineal aus Gründen der konstruktionstechnischen Komplexität im
Unterricht nicht mehr verfolgt werden können.
Es wurde dort auch schon erwähnt, daß eine entsprechende Simulation von Kaleidoskopen mit drei oder mehr Spiegeln möglich ist,
und daß im mathematischen Modell auch imaginäre Kaleidoskope möglich sind, bei denen Punktspiegelungen an die Stelle der Achsenspiegelungen treten.
Der vorliegende Beitrag soll die Realisierung dieser Ideen an einigen Beispielen demonstrieren und damit belegen, wie der Computer
als weiteres Werkzeug des Geometrieunterrichts neben Zirkel und
Lineal tatsächlich methodisch und inhaltlich neue Wege eröffnen
kann.

3. Das Programmpaket POLYKAL und einige Anwendungen
Zur Behandlung der oben aufgeworfenen Fragen zum Kaleidoskop wurde
ein Programmpaket [5] entwickelt, das Kombinationen von 1, 2, 3
oder 4 Achsenspiegelungen (Achsen-Kaleidoskope) und Kombinationen
von 1, 2, 3 oder 4 Punktspiegelungen (Punkt-Kaleidoskope) für
ausgewählte "Splitter" (Dreiecke, Vierecke, andere Figuren)
ermöglicht.

3.1. Achsen-Kaleidoskope
3.1.1. Das Paket erlaubt zunächst die einfache Achsenspiegelung
bei verschiedener Lage der Achse und der zu spiegelnden Figuren.
3.1.2. Das Teilprogramm für zwei Achsen gestattet die Einstellung
beliebiger Winkel zwischen diesen Achsen sowie das Einbringen verschiedener Splitter in verschiedenen Lagen zwischen die Spiegel.
Einige Ergebnisse sind auf S. 58 in [2] demonstriert. Besonderes
Interesse finden dabei die verschiedenen Splitter mit ihren
Bildern bzw. die sich daraus bildenden ganzheitlichen Figuren. Die
Bilder der Achsen selbst liefern zunächst weniger interessante
Strahlenbündel, ggfs. mit Rotations- bzw. "Stern"-symmetrien.
Zwei Beispiele für Detailuntersuchungen liefern die Abbildungen 1
und 2 mit Winkeln von 60 bzw. 70 Grad. Die Symmetrie schließt sich
nach 6 bzw. 36 Spiegelungen.
3.1.3. Gegenüber zwei Spiegeln bzw. Achsen, die zur Überdeckung
einer Kreisfläche führen, sind Prismenkaleidoskope sofort dadurch
viel interessanter, daß sich die Bilder unbeschränkt über die

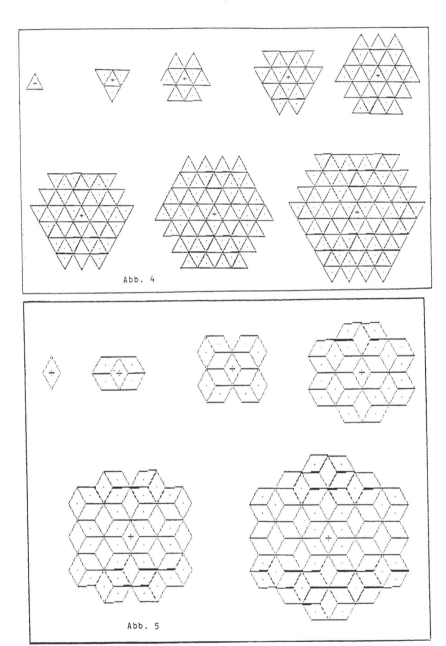

Abb. 4

Abb. 5

ganze Ebene erstrecken. Auch hierbei ergeben sich noch ansprechende und anregende Figuren in Abhängigkeit von den zwischen den Spiegeln liegenden Splittern (schöne Beispiele in [1] und [3]). Jedoch wird rasch die Frage interessanter, welche der durch die Achsen gebildeten Dreiecke oder Vierecke zu Parkettierungen der Ebene mit den Bildern führen. Die von den Achsen selbst gebildeten Figuren treten also an die Stelle der interessierenden Splitter. POLYKAL erlaubt die Auswahl von verschiedenen Dreiecken als Kaleidoskope (gleichseitig, gleichschenklig, rechtwinklig, "allgemein" usw.), sowie die eigene Eingabe interessierender Dreieckstypen. Die Entwicklung der Flächendeckung kann dann Spiegelungsschritt für Spiegelungsschritt verfolgt werden. Abb. 3 zeigt das für 1, 2, 3 Schritte. Offenbar kommt es beim gleichschenkligen Dreieck zwar zu einer gewissen Symmetrie, aber zu keiner echten Parkettierung. Eine solche liefert aber das gleichseitige Dreieck (Abb. 4).

3.1.4. Was geschieht in einem Kaleidoskop mit 4 Spiegeln? Auch hier erfolgt die Ausbreitung der Bilder über die ganze Ebene, in der Regel mit Überschneidungen. Parkette können natürlich mit Rechtecken gelegt werden, aber z.B. auch mit einem aus zwei gleichseitigen Dreiecken zusammengesetzten Rhombus (Abb. 5).

An dieser Stelle sei eine Anmerkung zur Behandlung von Parkettierungen in diesem Zusammenhang eingeschoben. Diese Problemstellung ist für den Mathematikunterricht nicht neu und es gibt viele Zugänge zu interessanten Parkettierungen mit einer oder mehreren Grundformen. Hier jedoch ist vor allem das Erzeugungsprinzip in Form der fortgesetzten Achsenspiegelungen wesentlich. Man kann sich im Unterricht auch für den dahinter steckenden Algorithmus interessieren. Er enthält rekursive Anteile, ist jedoch nicht sehr effizient. Rückspiegelungen an der zuletzt benutzten Achse kann man leicht unterdrücken. Schwierigkeiten machen jedoch die Wiederholungen von Belegungen aufgrund der auftretenden Rotationen um jeden Achsenschnittpunkt.

Im Heft 1990/2 des Zentralblatts für Didaktik der Mathematik finden sich mehrere Beiträge zum allgemeinen Problem der Parkettierung, insbesondere mit dem Einsatz des Computers zur graphischen Darstellung [4].

3.2. Punktkaleidoskope - imaginäre Kaleidoskope

Bislang wurden mit Hilfe der Achsenspiegelung reale Kaleidoskope modelliert und simuliert, wobei durch den Computer eine Vielfalt von Experimenten mit Anzahl und Lage der Achsen möglich ist. Eine im mathematischen Bereich naheliegende Variation ist nun der Übergang von Achsenspiegelungen zu Punktspiegelungen unter Beibehaltung der Fragestellung, wie sich die Bilder eines Splitters bei fortgesetzter Spiegelung an einer Punkte-Konstellation verteilen.

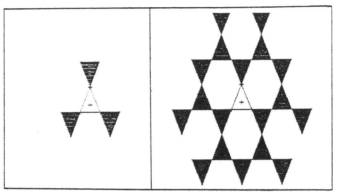

Abb. 6

Abb. 7

3.2.1. Ein Punkt bedeutet die einfache Punktspiegelung. Das Programmpaket erlaubt deren Untersuchung an verschiedenen Figuren.
3.2.2. Das Geschehen bei zwei Punkten wird hier nicht weiter ausgeführt.
3.2.3. Bei drei nichtkollinearen Punkten erfolgt wiederum eine Ausbreitung der Splitterbilder über die ganze Ebene, ebenso bei mehr Punkten, von denen jeweils drei nichtkollinear sind. Wir erörtern im folgenden das Geschehen bei einigen Beispielen, in denen die Splitter in einer bestimmten Beziehung zu den Spiegelzentren stehen. Zum einen betrachten wir Dreiecke und Vierecke, deren Ecken die Spiegelzentren sind, zum anderen entsprechende Figuren, bei denen die Spiegelzentren die Seitenmittelpunkte sind.
3.2.3.1. Ein Beispiel ist Abb. 6. Gegeben ist ein gleichschenkliges Dreieck; die ersten drei Bilder dieses Splitters entstehen durch Punktspiegelung an seinen Ecken. Durch Weiterspiegeln dieser Bilder an eben diesen Ecken wird die Ebene mit einem Netz von Bildern überzogen, das in diesem Fall Maschen in Form eines Sechsecks umschließt.
3.2.4.1. Abb. 7 demonstriert ein Punktkaleidoskop mit vier Zentren. Als Splitter dient der schon in Abb. 5 verwendete spezielle Rhombus (Seitenlänge = Länge der kürzeren Diagonale). Spiegelzentren sind wieder die Ecken. In diesem Falle sind die Maschen deckungsgleich mit dieser Figur. Beim allgemeinen Viereck kommt es, wie Abb. 8 zeigt, zu Überschneidungen der Bilder.

Natürlich drängt sich die Frage auf, ob wie beim Achsenkaleidoskop auch mit Punktkaleidoskopen echte Überdeckungen der Ebene erzeugbar sind, ob sich also die Maschen vermeiden lassen.
3.2.3.2. Einen Hinweis auf die Lösung im Dreiecksfall enthält die bekannte Punktsymmetrie des allgemeinen Parallelogramms. Spiegelt man also ein beliebiges Dreieck jeweils an den Seitenmittelpunkten, so erhält man drei dicht anliegende Spiegelbilder, wie Abb. 9 zeigt. Die Gesamtfigur ist ein zum gegebenen ähnliches Dreieck mit dem Seitenverhältnis 2:1. Die eigentliche Überraschung ergibt sich aber bei der Fortführung der Spiegelungen. Es entsteht eine Parkettierung - und das mit jedem beliebigen Dreieck. Der entsprechende Mißerfolg beim Achsenkaleidoskop (Abb. 3) liegt offenbar am Auftreten spiegelkongruenter Dreiecke beim Spiegelungsprozeß.
3.2.4.2. Wendet man das Prinzip der Spiegelung eines Splitters über seine Seitenmittelpunkte auf ein allgemeines Viereck an, so ergibt sich beim ersten Schritt zwar keine so einfache Gesamtfigur wie beim Dreieck. Jedoch entsteht eine Kreuzfigur mit interessanten Eigenschaften (Abb. 10). Die Fortsetzung der Spiegelungen bringt wiederum die Überraschung: die Parkettierung gelingt mit jedem Viereck. Diese Aussage kann nochmals verallgemeinert werden, indem man 'eine entartetes Viereck mit einer eingezogenen Ecke als Splitter wählt (Abb. 11). Auch hiermit gelingt die Parkettierung.

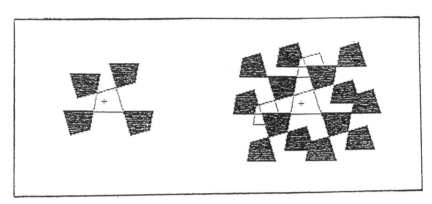

Abb. 8

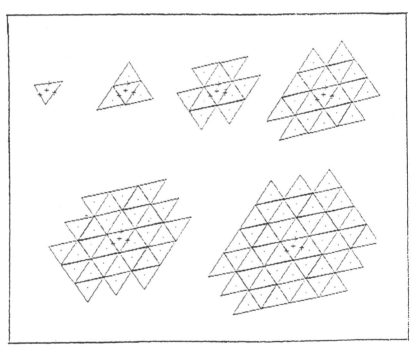

Abb. 9

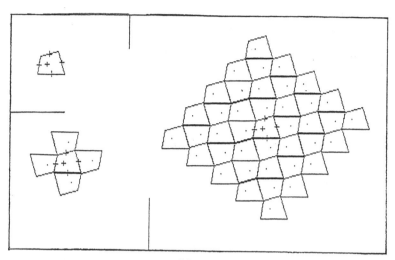

Abb. 10

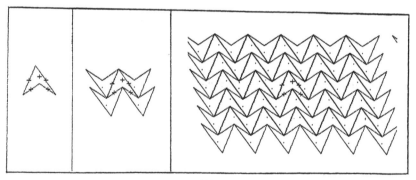

Abb. 11

4. Schlußbemerkung

Dieser Beitrag versteht sich in erster Linie als ein Beispiel für computergestütztes mathematisches Experimentieren im Unterricht, das von reinen ebenso wie praktischen mathematischen Fragestellungen gesteuert ist, und so den Lehr- und Lernzielen des Mathematikunterrichts entspricht. Nicht untersucht ist bisher die Ergiebigkeit dieser Methode bezüglich der Lehrpläne etwa des 7. und 8. Jahrgangs oder allgemeiner bezüglich entsprechender Curricula. Zum Beispiel wäre ein Gerüst von Lehrsätzen um das Kaleidoskop auszuarbeiten, auf das mit den beschriebenen Werkzeugen hinzuarbeiten ist, und es wären Beweiswege für die durch die Experimente und Veranschaulichungen nahegelegten Behauptungen zu finden.

5. Literatur

[1] B. R. Hodgson: La Géometrie du Kaléidoscope.
In: Bulletin de l'Association Mathématique du Quebec. 27(2) (1987) 12-24. (Prix Roland-Brossard 1987)

[2] K.-D. Graf: Grafik-Prozeduren als weitere Werkzeuge des Geometrieunterrichts neben Zirkel und Lineal.
In: K.-D. Graf (Hrsg.): Computer in der Schule 2. Stuttgart, B. G. Teubner, 1988, 25-34.

[3] B. R. Hodgson, K.-D. Graf: Popularizing Geometrical Concepts: The Case of the Kaleidoscope.
In: Papers on the Popularization of Mathematics, ICMI Seminaire at Leeds University, England, 1989.

[4] Zentralblatt für Didaktik der Mathematik 90/2, Stuttgart, Klett, 1990.

[5] Meiner Wiss. Mitarbeiterin Eva Pilz verdanke ich insbesondere die professionelle interaktive Fassung von POLYKAL.

Anschrift des Autors:

Prof. Dr. Klaus-D. Graf
Freie Universität Berlin
ZI Fachdidaktiken, Abt. 3
Habelschwerdter Allee 45

D-1000 Berlin 33

Telefon: (30) 838 63 33 oder (30) 801 84 51

TELEFAX: (30) 838 59 13 oder (30) 896 91 123

Logische Programmierung und ihr Nutzen für den Mathematikunterricht der Sekundarstufe II

von Eva Pilz, Freie Universität Berlin

1. Einleitung

Es steht außer Frage, daß die neuen Informationstechnologien Einfluß auf den traditionellen Fächerkanon haben werden. Solange Informatik kein Pflichtfach an allgemeinbildenden Schulen ist, wird sich dieser Einfluß zwangsläufig mehr auf die Lehrpläne als auf den Fächerkanon selbst auswirken. Da Informatik nicht nur eine Ingenieur-, sondern auch, wie Mathematik, eine Strukturwissenschaft ist, und da Informatik in hohem Maße mathematische Methoden verwendet, wird davon besonders der Mathematikunterricht betroffen sein. Der vorliegende Beitrag ist ein Beispiel dafür, wie eine mathematische Methode der Informatik (= logische Programmierung) für den Mathematikunterricht genutzt werden kann, um das Lernziel Abstraktionsfähigkeit zu erreichen. Es wird zunächst kurz die Programmiersprache PROLOG vorgestellt; dann wird aus didaktischer Sicht gezeigt, wofür und wie PROLOG im Mathematikunterricht sinnvoll sein kann. Abgeschlossen wird mit einem kurzen Erfahrungsbericht aus der Schule, der exemplarisch einige Aufgaben enthält, die man mit PROLOG im Mathematikunterricht bearbeiten kann.

2. Die Programmiersprache PROLOG und ihr Zusammenhang mit der Prädikatenlogik 1. Stufe

PROLOG (= PROgramming in LOGic) ist eine deklarative, logikorientierte Programmiersprache, die vorzugsweise zur Darstellung von Wissen über eingegrenzte Sachverhalte verwendet wird. Sie wird in der angwandten Informatik unter anderem bei der Herstellung von Expertensystemen eingesetzt.

PROLOG ist Anfang der 80er Jahre als Sprache der Künstlichen Intelligenz von Colmerauer u.a. in Marseille entwickelt worden. Als heutiger PROLOG-Standard wird die Notation, wie sie in Clocksin/Mellish (1987) beschrieben ist, angesehen.

PROLOG wird von vielen Autoren als "spezielle Notation der Prädikatenlogik 1. Stufe" aufgefaßt (Nilsson 1982, Beckstein 1988 u.a.). Das hat zwei Grundlagen:

Erstens kann man alles, was man mit Hilfe der Prädikatenlogik beschreiben kann, unmittelbar in PROLOG übertragen – Beckstein spricht sogar von einer 1:1-Abbildung – , und zweitens basiert der Mechanismus, der die in PROLOG beschriebenen Sachverhalte verarbeitet, ausschließlich auf formallogischen Prinzipien (Resolution, s.u.). Die Aussage, daß Prädikatenlogik 1:1 in PROLOG abbildbar ist, ist aber nur dann haltbar, wenn man den Begriff der Negation innerhalb einer "closed world assumption" (Beckstein 1988, S.138) und die Darstellung ohne Quantoren akzeptiert (s.u.).

PROLOG ist geeignet für die formale Beschreibung von Sachverhalten in Form von Ausschnitten aus der realen Welt und für die Ableitung von Schlußfolgerungen aus einer gegebenen Beschreibung. Klassifiziert man Wissen in
- Wissen über Fakten und deren Beziehungen zueinander,
- Wissen über Verfahren,
- Wissen über Strategien und
- soziales Wissen,

dann ist PROLOG für die Repräsentation der ersten Klasse geeignet. Voraussetzung dafür ist allerdings, daß sich die Sachverhalte formal beschreiben lassen und daß diese Beschreibung den Eigenschaften, zweiwertig und monoton zu sein, genügt. Derart formalisierbare Sachverhalte bestehen aus
- Objekten
- Eigenschaften der Objekte
- Relationen zwischen den Objekten
- Beziehungen zwischen den Relationen.

Beispiel: Der zu beschreibende Sachverhalt sei eine konkrete Familie. Die Objekte in diesem Sachverhalt sind die Menschen; eine Eigenschaft dieser Objekte ist die, männlich oder weiblich zu sein. In PROLOG liest sich das so:

weiblich(heike).
weiblich(lisa).
maennlich(thomas).
maennlich(robert).

Relationen zwischen den Objekten sind z.B.
elternteil(heike,robert).
elternteil(thomas,lisa).

Daraus lassen sich durch die logische Verknüpfung von Prädikaten neue Beziehungen herstellen:

	Lies:
kind(X,Y) :-	X ist Kind von Y,
elternteil(Y,X).	wenn Y Elternteil von X ist.
tochter (X,Y) :-	X ist Tochter von Y,
kind(X,Y),	wenn X Kind von Y ist und
weiblich(X).	X weiblich ist.

Die Beschreibung eines Sachverhaltes in PROLOG beschränkt sich auf <u>Fakten</u> (z.B. *weiblich(...)*, *elternteil(...)*) und <u>Regeln</u> (z.B. *kind(...)*, *schwester(...)*). Die Regeln zeichnen sich dadurch aus, daß sie wie Implikationen aufgebaut sind: Sie haben einen Kopf, der der Conclusio entspricht, und einen Rumpf, der der Prämisse entspricht und sich aus mehreren Fakten oder Regeln zusammensetzen kann, die konjunktiv (mit Komma) oder disjunktiv (mit Semikolon) verknüpft sein können. Fakten enthalten nur konstante Werte (faktisch existierende Objekte), Regeln enthalten Variablen, die beim Herleiten von Schlußfolgerungen daraus mit Werten (Konstanten) belegt werden.

Ziel solcher Sachverhalt-Beschreibungen in PROLOG ist es, Wissen strukturiert beschrieben zur Verfügung zu stellen, so daß auf das Wissen von einer AnwenderIn zugegriffen werden kann. Der Zugriff auf das Wissen erfolgt in Form von <u>Anfragen</u> (vgl. dazu das in Abb. 3 beschriebene Programm):

?-kind(Wer,thomas).	Wer ist Kind von Thomas?
Antwort: Wer = lisa	
?-kind(jakob,petra).	Ist Jakob Kind von Peta?
Antwort: yes	
?-kind(anna,Von_wem).	Von wem ist Anna das Kind?
Antwort: *Von_wem = robert.*	
?-kind(Wer,Wessen).	Gibt es ein Kind in der
	Wissensbasis, und wenn ja, wer
	ist es, und von wem?

Antwort: *Wer = robert*
Wessen = heike;
Wer = robert
Wessen = thomas;
Wer = lisa
Wessen = thomas;
Wer = andreas

usw.

Wessen = lisa;
Wer = anna
Wessen = robert;
Wer = petra
Wessen = robert;
Wer = Jakob
Wessen = petra;
no
(d.h., es sind keine weiteren
Kinder in der Wissensbasis)

Die Beschreibungen solcher Weltausschnitte sind in Wissensbasen von sog. Expertensystemen integriert. Expertensysteme sind komplexe Software-Systeme, die über einen bestimmten Ausschnitt von Expertenwissen verfügen, das sie der BenutzerIn mehr oder weniger flexibel zur Verfügung stellen. Sinn solcher Systeme ist es in der Regel, komplexes Wissen strukturiert zur Verfügung zu stellen, so daß auf dieser Grundlage Hilfen zur Entscheidungsfindung gegeben werden können. Bekannte Anwendungsgebiete sind etwa medizinische oder technische Diagnose u.a.

Ein Expertensystem soll aber nicht nur beschriebenes Wissen wiedergeben können, sondern in gewissem Rahmen auch selbständig Schlußfolgerungen herleiten können. Das läßt sich schon an einfachen Beispielen wie oben verdeutlichen: Als Fakten, bezogen auf konkrete Objekte, existieren nur die Eigenschaften *elternteil*, *weiblich* und *maennlich*. Mit Hilfe der Regel *kind* kann PROLOG "allein" bestimmen, auf welche konkreten Objekte z.B. die Eigenschaft *geschwister* zutrifft. Für Schlußfolgerungen dieser Art läuft ein bestimmter Beweismechanismus ab, der vom PROLOG-Interpreter abgearbeitet wird.

Eine Anfrage an den PROLOG-Interpreter wird dabei als Ziel, das es zu erfüllen gilt, aufgefaßt. Ein Ziel zu erfüllen bedeutet, zu zeigen, daß das Ziel logisch aus den Fakten und Regeln des Programms folgt. Enthält die Anfrage Variablen, so muß der PROLOG-Interpreter auch herausfinden, welches die Objekte, für die das Ziel erfüllt ist, sind. Sofern korrekte Belegungen von Variablen existieren, werden sie ausgegeben. Kann für keine Belegung von Variablen gezeigt werden, daß das Ziel logisch aus dem Programm folgt, ist das Ziel unerfüllbar.

Der Mechanismus, der beim Antworten auf eine Anfrage durch den Interpreter abgearbeitet wird, entspricht einem mathematischen Beweis. PROLOG akzeptiert

Fakten und Regeln als eine Menge von Axiomen und die Anfrage einer Anwenderin als ein vermutetes Theorem. PROLOG versucht, das Theorem zu beweisen, d.h. zu zeigen, daß es logisch aus den Axiomen abgeleitet werden kann. Das Beweisverfahren, das hierzu benutzt wird, hat eine technische und eine logische Komponente. Auf die technische Seite (Unifikation und Backtracking) wird hier nicht eingegangen; die logische Seite basiert auf dem Resolutionsverfahren nach Robinson (1965).

Resolution ist ein Verfahren, über einer Menge von Klauseln (hier: Fakten und Regeln) die Gültigkeit einer Anfrage nachzuweisen. Voraussetzung für die Anwendung des Resolutionsverfahrens ist, daß die Klauseln in einer bestimmten Form vorliegen. In dieser sind nur Allquantoren (die dann weggelassen werden), Konjunktion, Disjunktion und Negation zugelassen. Für die Umformung beliebiger prädikatenlogischer Ausdrücke in diese Klauselform gibt es Umwandlungsalgorithmen (etwa in Cordes et al. 1988), die darauf basieren, daß die Erfüllbarkeit eines Ausdrucks nicht verändert wird, wenn er in diese Form umgewandelt wird. Daß bei solchen Umformungen trotzdem ein Bedeutungsverlust eintreten kann (etwa: eine in eine Disjunktion umgeformte Implikation ist nicht mehr eindeutig rekonstruierbar) wird im anwendungsorientierten Ansatz weiter unten thematisiert.

Der Gültigkeitsnachweis wird dadurch erbracht, daß die Verknüpfung der Negation der Anfrage mit den anderen Klauseln in einem iterativen Prozeß auf Unerfüllbarkeit hin untersucht wird. Wenn die Unerfüllbarkeit der Verknüpfung mit dem Negat nachgewiesen ist, wird daraus geschlossen, daß die Anfrage erfüllbar ist.

Beispiel: Die Hornklauseln (das sind Klauseln, die höchstens ein positives Literal haben), die von einem PROLOG-Programm dargestellt werden, sind von der Form

$$A \leftarrow B_1 \wedge ... \wedge B_n$$

Dabei ist

$A \leftarrow B_1 \wedge ... \wedge B_n$	eine PROLOG-Regel
$A \leftarrow$	ein PROLOG-Fakt
$\leftarrow B_1 \wedge ... \wedge B_n$	eine PROLOG-Anfrage.

Für eine Anfrage

$$\leftarrow B_1 \wedge ... \wedge B_n$$

wird gezeigt, daß

$$P \leftarrow B_1 \wedge ... \wedge B_n$$

gilt, indem nachgewiesen wird, daß

¬ P   (B₁ ∧ ... ∧ Bₙ)

inkonsistent ist (P steht für die in Frage kommenden Fakten bzw. Regeln). D.h. die Frage nach der Gültigkeit einer Anfrage wird auf die Überprüfung der Unerfüllbarkeit einer Konjunktion von Klauseln (dem Negat der Anfrage mit den betreffenden Klauseln) zurückgeführt.

Hieraus ergibt sich der Zusammenhang zwischen PROLOG und der Prädikatenlogik 1. Stufe auf zwei Ebenen: Einmal auf der Ebene der Beschreibung der zu lösenden Probleme und zum zweiten auf der Ebene der Verarbeitung dieser Problembeschreibungen. Beschrieben werden die Probleme in einem Formalismus, der, da er Klauseln vorschreibt, einen speziellen Ausschnitt aus den prädikatenlogischen Beschreibungsmöglichkeiten darstellt. Verarbeitet werden die Probleme mit einem Mechanismus, der rein auf logischen Verfahren basiert. Diese beiden Verbindungen zwischen PROLOG und Prädikatenlogik 1. Stufe werden im nächsten Abschnitt didaktisch verwertet.

3. PROLOG aus didaktischer Sicht

Der Einsatz von PROLOG im Mathematikunterricht ist nur dann sinnvoll, wenn von folgender Voraussetzung ausgegangen wird: Es ist ein Ziel des Mathematikunterrichts, bei den SchülerInnen die Abstraktionsfähigkeit zu fördern. Ein Weg dahin besteht darin, mit ihnen Formalisieren zu thematisieren und zu üben.

Abstraktion kann als Idealisierung oder als Extrakt eines realen Weltausschnittes aufgefaßt werden. Dabei bedeutet Idealisierung der realen Welt, die reale Welt zugunsten einer formalen Beschreibung zu modellieren (vgl. Abb. 1). Extrakt meint die Beschränkung einer Beschreibung auf wenige wesentliche Merkmale eines Problems. Die Grenzen zwischen Idealisierung und Extrakt können m.E. nicht scharf gezogen werden; bei Idealisierung liegt die Betonung auf dem Modellhaften, bei Extrakt mehr auf Beschränkung.

Formalisierung ist in beiden Fällen ein Mittel, eine abstrakte Beschreibung von etwas herzustellen – bei PROLOG steht dabei besonders der Aspekt der Idealisierung, der Modellcharakter im Vordergrund, weil PROLOG-Programme dazu dienen, Schlußfolgerungen zu ziehen, die auf die reale Welt wieder angewandt werden sollen.

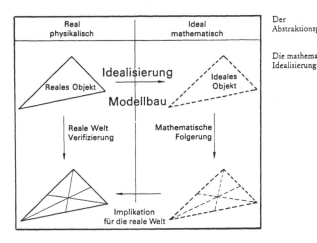

Abb.1: Der Abstraktionsprozeß
(aus: Davis/Hersh 1986, S.131)

PROLOG ist direkt auf das Schema abbildbar: Dem realen Objekt entspricht der zu beschreibende Weltausschnitt (das zu lösende Problem). Dem idealen Objekt entspricht das PROLOG-Programm (das besser PROLOG-Beschreibung heißen müßte); der mathematischen Folgerung entspricht der Schlußfolgerungsmechanismus (PROLOG-Interpreter mit Resolution usw.). Die Ergebnisse der Schlußfolgerungen werden auf die reale Welt angewandt (Implikation für die reale Welt).

PROLOG kann also als Werkzeug zum Anwenden von Formalisierungen für das Lernen von Abstraktion aufgefaßt werden. Das gilt im übrigen auch für die Behandlung von Prädikatenlogik im Unterricht ohne Computer – PROLOG hat dieser gegenüber nur den einen Vorteil, daß es methodisch mehr Möglichkeiten bietet.

Dazu, dieses Mittel – das Üben von Formalisierungen mit Hilfe von PROLOG im Mathematikunterricht – zum Erlernen von Abstraktion einzusetzen, bietet PROLOG (mindestens) drei Möglichkeiten. Je nach Bedarf läßt sich PROLOG dazu benutzen,

    a. den Prozeß der Formalisierung überhaupt, gespiegelt an der Genese der Formalisierung, zu behandeln (genetischer Aspekt);

b. die Qualität, d.h. Möglichkeiten und Grenzen, von formalen Beschreibungen, wie sie durch PROLOG entstehen, zu diskutieren
(anwendungsorientierter Aspekt);

c. das Verfahren eines automatischen Beweisers, wie PROLOG ihn darstellt, nachzuvollziehen (methodischer Aspekt).

Diese drei Aspekte können unabhängig voneinander, aufeinander aufbauend oder
ineinander verzahnt im Unterricht behandelt werden. Sie betonen die verschiedenen Aspekte von PROLOG, so wie auch Prädikatenlogik als Gegenstand oder
Methode von Mathematik aufgefaßt werden kann.

Der genetische Aspekt

Der Einsatz von PROLOG im Mathematikunterricht zum Zweck des Lernens von
Formalisierung ist ein gutes Anschauungsbeispiel für genetischen Mathematikunterricht. Genetischer Mathematikunterricht ist ausgerichtet an den natürlichen
erkenntnistheoretischen Prozessen der Entstehung und Anwendung von Mathematik (vgl. Wittmann 1983).

Zwischen der Entstehung, d.h. der Geschichte der Formalisierung, als deren ak-
tueller Stand PROLOG angesehen werden kann, und dem Prozeß, der beim Formalisieren eines Problems abläuft, besteht große Ähnlichkeit. Die historische Entwicklung zur Formalisierung und der Formalisierungsprozeß selbst haben gemeinsam, daß sie beide von konkreten Phänomenen ausgehen und bei einer formalen
Beschreibung enden. Beide sind gekennzeichnet von zunehmender Formalheit mit
damit einhergehendem Bedeutungsverlust.

Das meint im Zusammenhang mit der Geschichte, daß bei Aristoteles (400 v. Chr.)
die Schlußfiguren (Syllogismen) sich noch auf ganz konkrete Sachverhalte bezogen und ohne diesen Bezug nicht gültig waren. In der Scholastik (13. Jahrhundert) wurde deutlich zwischen real und formal unterschieden; Leibniz (17. Jh.)
entwickelte die Grundlagen für eine Kalkülisierung formaler Systeme. Boole und
Frege (19. Jh.) entwickelten dann Axiome für eine formale Logik, wie wir sie
heute verwenden, bei der die Bedeutung der zu verknüpfenden Objekte keine
Rolle mehr spielt, solange die Objekte (Aussagen) aus der Menge der zweiwerti-
gen Aussagen sind. Man kann also die Geschichte der Formalisierung interpre-
tieren als fortschreitende Loslösung von konkreter Bedeutung zugunsten einer
immer formaler werdenden Beschreibung.

Das spiegelt jeder Formalisierungsprozeß selbst deutlich wider: Zugunsten einer
formalen Beschreibung (einer Idealisierung) muß auf bestimmte bedeutungstra-
gende Elemente verzichtet werden (s. dazu auch Abschnitt 4).

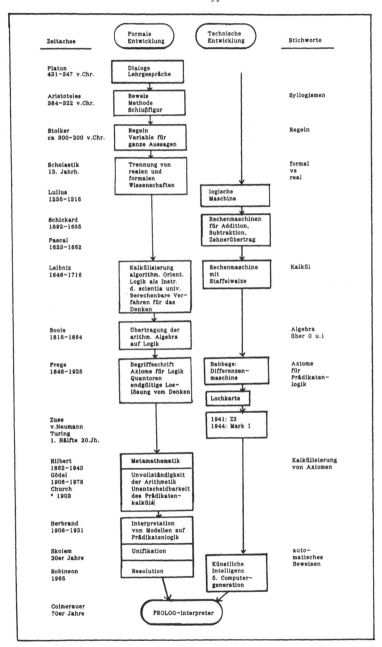

Abb. 2: Die Stufen in der Geschichte der Formalisierung

Aus der Abb. 2, die einen groben Überblick über die Stationen der Geschichte der Formalisierung darstellt, wird deutlich, daß die Geschichte der Formalisierung (mindestens) zwei Stränge hatte: einen rein formalen und einen mit technischen Resultaten (heute: Computer)[1]. Diese beiden Stränge lassen sich mit PROLOG illustrieren. Der formale findet während des Prozesses statt, aus einem realen Weltausschnitt eine formale Beschreibung zu machen; der technische ist realisiert in PROLOG, das heißt einem Programmiersystem, das das formale Beschreiben (als Teilbereich des Denkens) mit Hilfe einer Maschine ermöglicht.

Beim genetischen Ansatz wird PROLOG also zu zweierlei benutzt: Zum Veranschaulichen dessen, was Formalisierung ist, und als Bezugspunkt in der Geschichte der Formalisierung, die einen Teil der Geschichte der Rechentechnik ausmacht. Der Schwerpunkt liegt dabei auf dem Prozeß des Problemlösens und auf dem Bewußtmachen dieses Prozesses. Die Geschichte der Formalisierung bleibt im Hintergrund und ist für die Arbeit des Problemlösens nur insofern nützlich, als sie die Motive für Abstraktion, den Prozeß der Abstraktion und die Rolle der Mechanisierung des Denkens für die Abstraktion deutlich machen kann.

Der anwendungsorientierte Aspekt

"Die pädagogische Dimension der Mathematik läßt sich nur durch die Aufdeckung von Beziehungen zwischen Mathematik und relevanten außermathematischen Kontexten gewinnen" (Winter 1985, S.80). Diese Aussage von Winter gilt natürlich insbesondere für den Mathematikunterricht an allgemeinbildenden Schulen. Um die Forderung, die aus diesem Satz folgt, erfüllen zu können, ist es notwendig, die Anwendung von mathematischen Theorien im Unterricht mit zu behandeln. Die Anwendung von PROLOG ist die Repräsentation von Wissen im Rahmen der Künstlichen Intelligenz. Wenn man PROLOG im Mathematikunterricht unter dem Aspekt der Anwendung von Mathematik behandelt, steht auch hier wieder der Formalisierungsaspekt im Vordergrund, allerdings diesmal aus der Sicht der Begrenztheit seiner Darstellungsmöglichkeiten.

Die Problemlösung mit Hilfe von PROLOG gelingt nur bei einer Klasse von Problemen, die mindestens die beiden Eigenschaften Zweiwertigkeit und Monotonie erfüllen.

---

[1] Im übrigen sind die Rechenmaschinen von Leibniz, Pascal u.a. Ergebnisse des Bemühens, das Denken und nicht etwa das Rechnen zu mechanisieren.

> Zweiwertigkeit: Jedem Ausdruck, der eine Aussage der zu beschreibenden Welt darstellt, muß eindeutig der Wert "wahr" oder "falsch" zugeordnet werden können.
>
> Monotonie: Eine Formel, die aus einer Menge von Prämissen M abgeleitet werden kann, kann auch aus jeder Obermenge von M abgeleitet werden. Anders ausgedrückt: Zusätzliche Information darf niemals vorher gezogene Schlüsse ungültig machen.

Allein diese beiden Eigenschaften von zu beschreibenden Welten zeigen die Grenzen der Sprache PROLOG (der Prädikatenlogik) als Beschreibungsmittel für Sachverhalte auf: Nicht alle Sachverhalte sind in Ausdrücke zerlegbar, über die immer eindeutig eine Entscheidung der Wahrheit getroffen werden kann (Beispiel: "Geld verschafft Privilegien"). Und menschliche Schlußweisen über Alltagswissen sind nicht immer monoton (Beispiel: Nehmen wir an, Vögel sind definiert als Tiere, die Federn haben und fliegen können. Ein Strauß kann nicht fliegen, dennoch halten wir ihn ohne Schwierigkeiten für einen Vogel. Ein mechanisches Auskunftssystem würde da schon in Schwierigkeiten kommen.)

Daß PROLOG trotz dieser Einschränkung eine große Bedeutung im Rahmen der Künstlichen Intelligenz hat, ist darauf zurückzuführen, daß viele der Anwendungsgebiete der Informatik über die beiden genannten Eigenschaften verfügen. Im Zusammenhang mit Mathematikunterricht ist an dieser Thematik interessant,
- daß man anhand von Darstellungen von Weltausschnitten in PROLOG über deren Angemessenheit diskutieren kann;
- daß man die Klassen von Problemen, die die beiden genannten Eigenschaften haben, anderen, die sich nicht haben, gegenüberstellt.

Darüberhinaus ist ein weiterer Anwendungsaspekt von PROLOG interessant: PROLOG wird eingesetzt zur Herstellung von sog. Expertensystemen. Expertensysteme sind Software-Pakete, die sich in irgendeinem, gewöhnlich eher kleinen, Anwendungsbereich wie eine ExpertIn verhalten (sollen). Expertensysteme verarbeiten Wissen, daher werden sie auch wissensbasierte Systeme genannt. Expertensysteme haben das Ziel, die AnwenderIn zu informieren, indem sie Wissenselemente miteinander verknüpfen; zum Teil haben sie darüberhinaus das Ziel, aus gespeichertem Wissen neues Wissen zu deduzieren. Die wesentliche Struktur, die für diese Zwecke gebraucht wird, sind sog. Wenn-Dann-Regeln (die Regeln in PROLOG sind ausschließlich von dieser Form, s. Abb. 3). Die Beschreibung eines Weltauschnitts in Wenn-Dann-Regeln ist neben Monotonie und Zweiwertigkeit eine weitere Einschränkung im Verhältnis zur Vielfältigkeit eines in normaler Sprache beschriebenen Weltausschnittes.

Und schließlich bietet sich das Anwendungsgebiet von PROLOG, die Expertensysteme, zu einer weiteren kritischen Diskussion darüber an, inwieweit eigentlich ein auf einer Maschine ablaufendes System tatsächlich neues Wissen deduzieren kann (abgesehen von der gesellschaftspolitischen Frage, ob es das sollte). Die Expertensysteme scheitern in ihrem Universalitätsanspruch heute an genau der gleichen Problematik, an der Leibniz' Versuche auch schon scheiterten. Leibniz wollte mit seiner "Kunst des Erfindens" (ars inveniendi) erreichen, daß auf rein formaler Grundlage aus vorliegendem Wissen neues Wissen deduziert werden sollte. Er glaubte, beweisen zu können, daß zum Gewinnen neuer Erkenntnis lediglich die vorliegende Erkenntnis genau genug (und formal) beschrieben sein müßte. Daß das nicht gelingen konnte, lag an dem Widerspruch, daß Wissen, wenn es beschrieben vorliegt und die Eigenschaft hat, universell zu sein, gar keine Wünsche an Erkenntnisgewinnung mehr offenläßt – es ist ja alles bereits beschrieben. Wenn das Wissen jedoch nicht universell ist, kann daraus nicht beliebige neue Erkenntnis gewonnen werden. Im übrigen hat schon Leibniz gemerkt, was auch jetzt das Problem bei Expertensystemen ist: Erstens ist es unmöglich, für beliebige Wissensgebiete denselben Schlußfolgerungsmechanismus zu benutzen. Zweitens ist Wissen insgesamt ein zu unüberschaubares und unklassifizierbares Gebiet, als daß man es auf universelle Weise implementieren könnte.

Diese Kriterien, die beim Problemlösen mit PROLOG zum Tragen kommen – Zweiwertigkeit, Monotonie, Wenn-Dann-Regeln und die Frage nach der Deduktion von neuem Wissen – sind Fragen, die es lohnen, im Unterricht behandelt zu werden. Im 4. Abschnitt, der Erfahrungen aus der Schule enthält, wird auf für eine solche Diskussion geeignete Beispiele hingewiesen.

Der methodische Aspekt

PROLOG kann über die Fragen des Formalisierungsprozesses und der Angemessenheit der formalen Darstellung hinaus im Mathematikunterricht (genauer: Logikunterricht) methodisch eingesetzt werden. Ich gehe von der Voraussetzung aus, daß formale Logik (Aussagenlogik, Prädikatenlogik 1. Stufe) im Mathematikunterricht thematisiert wird, und zwar in der Form, daß Objekte, Verknüpfungen, Prädikate und Quantoren und deren Umformungen behandelt (d.h. auch geübt) werden. Man kann dann PROLOG dazu benutzen,

- den Begriff Implikation zu explizieren;
- logische Umformungen zu motivieren und zu üben;
- den Begriff Negation zu explizieren (Negation in PROLOG ist nicht ganz dasselbe wie in der Prädikatenlogik);
- mathematisches Beweisen automatischem Beweisen gegenüberzustellen und daran den Beweisbegriff zu behandeln.
- das Resolutionsverfahren selbst zu behandeln, das in beiden Algorithmen (dem zur Überführung in die Hornklauselform und dem der eigentlichen Resolution) rein logische Verfahren benutzt.

Die Implikation und alle darauf operierenden Schlußfolgerungsmechanismen (Modus Ponens usw.) sind ein für die SchülerInnen schwieriges Gebiet. Das kann man u.a. aus vielen Untersuchungen der 70er und 80er Jahre ablesen, die feststellen, daß das Verständnis von Implikation bei SchülerInnen und StudentInnen nicht dem logisch korrekten Implikationsbegriff entspricht. Die Implikation ist, wie schon beschrieben, der zentrale Beschreibungsmechanismus in PROLOG. Bei vielen Aufgaben ist es notwendig, konjunktiv oder disjunktiv verknüpfte Aussagen in Implikationen umzuformen und umgekehrt. D.h. daß man PROLOG als Motiv für die Beschäftigung mit und als Darstellungsmechanismus dieser Verknüpfung benutzen kann.

Äquivalenzumformungen sind notwendig beim Herstellen einer formalen Beschreibung, bzw. beim Übersetzen eines in prädikatenlogischer Sprache beschriebenen Weltausschnitts in die Sprache PROLOG.

Die Negation in PROLOG entspricht nicht in allen Fällen der formallogischen Negation. Negation in PROLOG bedeutet nicht "etwas ist nicht gültig", sondern "es gibt nicht genug Information über Gültigkeit". Fehlschlagen eines Gültigkeitsnachweises wird als Negation aufgefaßt ("negation as failure", vgl. Cordes et al. 1988 u.a.), egal, warum der Nachweis fehlgeschlagen ist. Daraus können sich im Sinne der mathematischen Logik merkwürdige Konsequenzen ergeben, z.B. daß doppelte Negation einer Formel nicht äquivalent ist mit der Formel. Der Grund für dieses Verhalten liegt in der Annahme einer "closed world assumption", d.h. daß nur Aussagen innerhalb einer genau festgelegten Menge von Formeln gemacht werden können, und daß nur Negationen von konkret mit Werten belegten Variablen durchgeführt werden können. Der Rahmen dieses Beitrags läßt eine ausführliche Behandlung dieses Themas nicht zu; an dieser Stelle sei nur darauf hingewiesen, daß man diese Art der Behandlung der Negation in PROLOG sehr gut dazu benutzen kann, überhaupt zum Thema Negation zu arbeiten.

Der zu Beginn dieses Beitrags beschriebene Mechanismus, der beim Antworten auf eine Anfrage abgearbeitet wird, entspricht einem mathematischen Beweis. Allerdings gibt es in Bezug auf die Behandlung der Variablen Unterschiede. Im mathematischen Beweis sind Variablen Platzhalter für beliebige Werte (innerhalb eines Definitionsbereichs), im PROLOG-Beweis ist der Variablen-Begriff enger: Wie bei der Negation wird von einer beschränkten Menge von Formeln und möglichen Variablen-Belegungen ausgegangen. Dieser Unterschied bedeutet, daß man manche einfache Beweise in PROLOG zwar aufschreiben kann, sie aber nur mit konkreten Werten arbeiten lassen kann. Das ist im Sinne der Mathematik eine erhebliche Einschränkung; diese kann allerdings zum Arbeiten mit Beweisen genutzt werden, indem man das thematisiert und an vielen Beispielen zeigt.

Die Behandlung des Resolutionsverfahrens selbst, d.h. des Umwandlungsalgorithmus von beliebigen prädikatenlogischen Ausdrücken in Hornklauseln und der Prozeß des Resolvierens, ist eine anschauliche und gut nachvollziehbare Art der Anwendung von reiner mathematischer Logik auf dem Computer. Die Resolutionsprozedur kann benutzt werden
- als Motivation, sich mit formallogischen Umformungen im Zusammenhang mit nicht formallogischen Problemen zu beschäftigen;
- als Veranschaulichung eines Beweisverfahrens im Computer;
- als Veranschaulichung dessen, daß ein solches Beweisverfahren funktioniert, unabhängig davon, aus welchem Gegenstandsbereich das zu beweisende Problem kommt.

4. Erfahrungen aus dem Unterricht mit PROLOG

Der hier zur Verfügung stehende Raum ist für einen ausführlichen Bericht über drei Schulversuche, die ich 1988 an Berliner Gymnasien durchgeführt habe, zu knapp. Daher beschränke ich mich auf die Beschreibung der Aufgaben, die im Rahmen dieser Schulversuche von SchülerInnen bearbeitet worden sind.

Zu den Rahmenbedingungen der Schulversuche: Es waren drei Unterrichtsreihen von je 4 Wochen in
- einem Mathematik-Grundkurs, 12. Klasse, 2. Semester, mit 3 Stunden pro Woche,
- einem Mathematik-Leistungskurs 12. Klasse , 2. Semester, mit 5 Stunden pro Woche,

- einem Informatik-Grundkurs, 13. Klasse, 1. Semester, mit 3-4 Stunden pro Woche. Bemerkenswert an diesem Kurs war, daß alle SchülerInnen Mathematik als Leistungsfach hatten.

Der Unterricht fand im Rahmen des "normalen" Unterrichts statt; er wurde von mir abgehalten, die verantwortlichen LehrerInnen saßen hospitierend und lernend dabei. Thema der Unterrichtseinheiten war "Logik mit Hilfe von PROLOG". Die Voraussetzungen der SchülerInnen im Fach Logik waren im Mathematik-Grundkurs gering, in den beiden anderen Kursen so gut, daß keine Wiederholung von Prädikatenlogik notwendig war und gleich in PROLOG eingestiegen werden konnte. Demgemäß sind im Mathematik-Grundkurs weniger Aufgaben als in den beiden anderen Kursen bearbeitet worden. Nach Aussagen der sonst unterrichtenden LehrerInnen in Bezug auf die Motivation der SchülerInnen war der Unterschied zum normalen Unterricht im Mathematik-Grundkurs am größten: Sie haben deutlich motivierter als sonst gearbeitet (die Gründe dafür sind allerdings ungeklärt geblieben; es können verschiedene sein: Computer, andere Lehrerin, Aufgaben aus außermathematischen Bereichen u.a.). In den beiden anderen Kursen war die Motivation sachgemäß auch sonst hoch, so daß wir hier keine Unterschiede festgestellt haben.

Die von den SchülerInnen bearbeiteten Aufgaben waren von unterschiedlicher Art. Sie hatten gemeinsam, daß sie auf der Basis Zweiwertigkeit und Monotonie überhaupt formalisierbar waren; sie unterschieden sich durch den Schwierigkeitsgrad und den Grad der Formalheit, in dem die Probleme beschrieben waren. Bei der Beurteilung der Aufgaben auf den Grad der Formalheit und damit auf ihre Eignung für die oben beschriebenen didaktischen Aspekte hin habe ich die folgenden vier Stufen im Formalisierungsprozeß berücksichtigt:

natürlich-sprachliche Beschreibung	idealisierte nat.-spr. Beschreibung	formal-logische Beschreibung	Beschreibung in PROLOG
------------- zunehmende Formalisierung ----------------->

Es sind drei verschiedene Typen von Aufgaben behandelt worden, die ich folgendermaßen genannt habe:
- Expertensysteme mit heuristischer Information,
- Aufgaben vom Typ "Logelei von Zweistein" und
- Expertensysteme ohne heuristische Information.

```
% ------------------- Fakten -----------------------

weiblich(heike).
weiblich(lisa).
weiblich(anna).
weiblich(petra).

maennlich(thomas).
maennlich(robert).
maennlich(jakob).
maennlich(andreas).

elternteil(heike,robert).
elternteil(thomas,robert).
elternteil(thomas,lisa).
elternteil(lisa,andreas).
elternteil(robert,anna).
elternteil(robert,petra).
elternteil(petra,jakob).

% ------------------- Regeln -----------------------

kind(Y,X) :-
    elternteil(X,Y).

geschwister(X,Y) :-
    kind(X,E),
    kind(Y,E),
    X \= Y.                          \= bedeutet ungleich

mutter(X,Y) :-
    weiblich(X),
    elternteil(X,Y).

vater(X,Y) :-
    maennlich(X),
    elternteil(X,Y).

schwester(X,Y) :-
    weiblich(X),
    geschwister(X,Y).

bruder(X,Y) :-
    ...

tante(T,N) :-
    elternteil(E,N),
    schwester(T,E).

onkel(O,N) :-
    ...

cousine(C1,C2) :-
    weiblich(C1),
    elternteil(E1,C1),
    elternteil(E2,C2),
    geschwister(E1,E2).

cousin(C1,C2) :-
    maennlich(C1),
    ...

vorfahr(X,Y) :-
    elternteil(X,Y).
vorfahr(X,Y) :-
    elternteil(X,Z),
    vorfahr(Z,Y).
```

Abb. 3: Das PROLOG-Programm "Familie"

Ich stelle aus Platzgründen im folgenden nur den dritten Typ etwas ausführlicher dar, da er das bisher vorgestellte am einleuchtendsten illustriert. Die anderen beiden Typen werden ohne Beispiele beschrieben.

Expertensysteme mit heuristischer Information dienen dazu, für etwas aus der realen Welt Vorgegebenes eine optimale Strategie zu finden. Zu diesem Typ gehören u.a. auch Spiele. Zur Erstellung eines solchen Systems muß der Problemraum beschrieben und auf ihm müssen Regeln formuliert werden. Dazu muß eine Datenstruktur für den Problemraum gefunden werden, und diese und die Regeln müssen in PROLOG formuliert werden. Da zum Finden einer optimalen Strategie immer auch die Verwertung heuristischen Wissens gehört, kann man an solchen Beispielen gut die Grenzen von Zweiwertigkeit und Monotonie aufzeigen. Aufgaben dieses Typs sind außerdem gut geeignet, Formalisierung als Prozeß deutlich zu machen, da das Ausgangsproblem nicht formal beschrieben vorliegt. In Rahmen meiner Versuche habe wir als Beispiel für diesen Aufgabentyp den "Travelling salesman" behandelt, der in Rich (1983) und Smith (1988) ausführlich beschrieben ist.

Bei Aufgaben vom Typ "Logelei von Zweistein" handelt es sich im wesentlichen um Verfremdungen von realen Problemen, um einen möglichen formallogischen Sachverhalt aufzuzeigen. Aufgaben dieses Typs liegen so formal beschrieben vor, daß "nur" ein Syntaxwechsel von der Aufgabenformulierung in die Prädikatenlogik und von dort zu PROLOG stattzufinden hat. Insofern sind solche Aufgaben weniger geeignet, Formalisierungsprozesse deutlich zu machen, aber mehr, um formallogische Umformungen zu üben. Bei diesem Aufgabentyp ist die Darstellung in PROLOG angemessen; es geht keine Information über das Ausgangsproblem verloren mit der einen Ausnahme, daß Implikationen zu Disjunktionen umgeformt werden müssen. Als Beispiel dazu diente das "Fernsehspiel" aus Flensberg/Zeising 1976, S.134.

Expertensysteme ohne heuristische Information sind Aufgaben wie die im Abschnitt 2 bereits eingeführte Beschreibung einer Familie, d.h. Aufgaben, deren Beschreibung einfach in PROLOG übersetzbar ist. Die formale Beschreibung einer Familie läßt sich beispielsweise in einem solchen Diagramm darstellen:

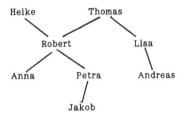

Das Programm in PROLOG sieht dann aus wie in Abb. 3. Anfragen, die man an ein solches Expertensystem stellen kann, findet man im Abschnitt 2. Das Herstellen von Expertensystemen dieser Art fällt den SchülerInnen leicht. Den Formalisierungsprozeß kann man daran gut verdeutlichen; die Begrenztheit der Darstellungsmöglichkeit durch PROLOG kann man an solchen Aufgaben nicht zeigen, da die Darstellung eben gerade angemessen ist. Für das Behandeln des PROLOG-Beweismechanismus ist diese Art von Aufgaben gut geeignet, da das Problem selbst keine Verständnisschwierigkeiten provoziert. Eine umfangreichere Aufgabe dieses Typs war, die Grundlage für ein Anfrage-System über die Struktur der gymnasialen Oberstufe zu schaffen. Für diese Aufgabe lag die formale Beschreibung in Form einer Informationsbroschüre fast vollständig vor, so daß im Formalisierungsprozeß "nur" noch der Schritt von der formalen, idealisierten Beschreibung zu PROLOG zu machen war. Die SchülerInnen haben diese Aufgabe hochmotiviert gelöst, weil sie den echten Anwendungsbezug (Informationen für ihre NachfolgerInnen zu liefern) deutlich vor Augen hatten.

5. Zusammenfassung

In vorliegenden Beitrag ist - sachgemäß knapp - der Sinn des Einsatzes der Programmiersprache PROLOG im Mathematikunterricht dargestellt worden. Er ergibt sich unter der Voraussetzung, daß man Logik im Mathematikunterricht zum Thema machen will, aus den besonderen Eigenschaften der Programmiersprache PROLOG:

- PROLOG ist eine besondere, methodisch interessante Darstellung der Prädikatenlogik 1. Stufe;
- der PROLOG-Interpreter basiert auf einem mathematischen Beweisverfahren; er ermöglicht "Beweise zum Anfassen";
- PROLOG hat außerhalb der Mathematik ein interessantes Anwendungsgebiet (die Expertensysteme), das eine fruchtbare Diskussion über die Angemessenheit von formalen Darstellungen ermöglicht.

Die vorgestellten Beispiele sind nur ein kleiner Ausschnitt dessen, was in der Unterrichtspraxis möglich ist; darüberhinaus konnten sie nicht vollständig dargestellt werden. Es gibt zu diesem Thema eine größere Arbeit von mir, in der u.a. auch die Aufgaben vollständig beschrieben sind. Interessierte LeserInnen werden gebeten, sich über die unten angegebene Adresse an mich zu wenden.

6. Literatur

Beckstein, C.: Zur Logik der Logik-Programmierung, Springer, Berlin 1988

Clocksin, W.F. / /Mellish, C.S.: Programming in Prolog, Springer, Berlin 1987

Cordes, R. / Kruse, R. / Langendörfer, H. / Rust, H.: Prolog – Eine methodische Einführung, Vieweg, Braunschweig 1988

Davis, P. / Hersh, R.: Erfahrung Mathematik, Birkhäuser, Stuttgart 1985

Flensberg, K. / Zeising, I.: Praktische Informatik – Ein Lehr- und Arbeitsbuch, Bayerischer Schulbuchverlag, München 1976

Nilsson, N.J.: Principles of Artificial Intelligence, Springer, Berlin 1982

Rich, E.: Artificial Intelligence, McGraw-Hill, Auckland 1983

Robinson, J.A.: A machine-oriented logic based on the resolution principle, in: Journal of the ACM, 1965, Heft 1, S.23-41

Smith, Peter: Expert System Development in PROLOG and Turbo-PROLOG, Sigma Press, Wilmslow (UK) 1988

Winter, H.: Reduktionistische Ansätze in der Mathematikdidaktik, in: Der Mathematikunterricht, 1985, Heft 5, S.75-88

Wittmann, E.C.: Grundfragen des Mathematikunterrichts, Vieweg, Braunschweig 1983

Eva Pilz
Freie Universität Berlin
Zentralinstitut für Fachdidaktiken
Didaktik der Informatik
Habelschwerdter Allee 45
1000 Berlin 33

W. Dörfler, Klagenfurt

COMPUTER-MIKROWELTEN[1]

In diesem Beitrag wird sowohl allgemeintheoretisch wie auch anhand ausgewählter Beispiele untersucht, in welcher Form der Computer Lernumgebungen (eben sogenannte Mikrowelten) anbieten und simulieren kann. Eine Lernumgebung soll dabei in möglichst vielfältiger Weise solche Schülertätigkeiten ermöglichen und initiieren, die strukturell und systematisch zum Aufbau des jeweiligen mathematischen Begriffs bzw. Inhalts durch den Schüler beitragen. Diese Beitrag wird dann besonders günstig sein, wenn die in der Lernumgebung ausführbaren Tätigkeiten den im Begriff allgemein-abstrakt formalisierten Prozessen bzw. Beziehungen möglichst gut entsprechen und damit die erforderlichen Abstraktionen, Verallgemeinerungen, Formalisierungen u.ä. nahelegen bzw. erleichtern.

EINLEITUNG

Für kein anderes Schulfach hat der Computer eine so vielfältige und gravierende Bedeutung wie für die Mathematik. Schon der naheliegende und quasi "natürliche" Einsatz des Computers als numerisches und symbolisches Rechenhilfsmittel (mit fertigen Programmen oder frei programmierbar) wirft weitreichende und tiefgehende didaktische Fragen auf. Hat die Didaktik/Methodik in dieser Hinsicht primär auf die durch die Verfügbarkeit des eminent leistungsfähigen mathematischen Werkzeuges Computer veränderte gesellschaftliche und schulische Situation zu reagieren, so bietet sich ihr in einem anderen Bereich des schulischen Computereinsatzes ein reichhaltiges Feld für aktive Forschung und Entwicklung: der Computer als Lehrmittel und Lernmittel.

---

[1] Leicht erweiterte Fassung eines Orignalbeitrages aus Wiss.Z.Karl-Marx-Univ. Leipzig, Math.-nat.wiss. Reihe 38(1989)1, 72-80.

Unter diesem Titel verbirgt sich ein differenzierter und inhomogener Bereich sehr unterschiedlicher Einsatzformen des Computers, deren auch nur skizzenhafte Darstellung den hier verfügbaren Platz bei weitem übersteigen würde. Einen recht guten Einblick in die zum Teil sehr grundsätzlich sich unterscheidenden Ansätze bietet das Buch von C. Solomon (1986) oder das NCTM-Jahrbuch Hanson (1984). Generell kann gesagt werden, daß die Unterscheidung Lehrmittel-Lernmittel in vielen Fällen nicht in den Computerprogrammen selbst angelegt ist, sondern eine Frage der Verwendungsform ist: Dasselbe Programm kann in der Hand des Lehrers ein Lehrmittel und in der Hand des Schülers ein Lernmittel sein. Dennoch möchte ich hier den Aspekt des Lernmittels in den Vordergrund stellen, wobei also der Schüler am, durch und mit dem Computer in selbständiger Tätigkeit mathematisches Wissen (Begriffe, Verfahren) aufbaut und entwickelt (ich vermeide bewußt den Ausdruck "erwirbt"). Aus all den Typen des Computereinsatzes als Lernmittel, die man in der vorliegenden Literatur findet, greife ich hier einen heraus, der mir didaktisch, aber auch lernpsychologisch und kognitionspsychologisch besonders interessant und vielversprechend erscheint: Mathematische Mikrowelten (Lernumgebungen) am Computer.

A. THEORETISCHE GRUNDLAGEN

Zunächst möchte ich auf theoretische Grundlagen dieser Verwendungsform eingehen und dann einige charakteristische bzw. besonders gut konstruierte Beispiele vorstellen. Dabei kann nicht behauptet werden, daß die Autoren der Computerprogramme ein einheitliches theoretisches Konzept als Grundlage ihrer Konstruktionen besitzen und manche sind sicher auch nur pragmatisch orientiert. Ich kann und will daher nur meine eigene theoretische Sichtweise skizzieren, mit der sich aber die Rolle und die Wirksamkeit vieler vorliegender Programmpakete analysieren lassen. Die Grundidee der Mikrowelten findet sich schon bei Papert (1982), der diesen Terminus (zumindest in der Didaktik) eingeführt hat. Es geht dabei um eine operative und konstruktive Konzeption des Mathematiklernens. Mathematisches Wissen, soferne es für das Subjekt überhaupt praktisch wirksam und einsetzbar werden kann, ist danach eine aktive und operative Konstruktion des Lernenden. Wissen in dieser Bedeutung kann also nicht vermittelt werden (z.b. durch einen Lehrer) als vorgegebenes Fertigprodukt, sondern entsteht im Lernenden als Ergebnis produktiver und explorativer Tätigkeiten in geeigneten Lernumgebungen.

Die Rolle des Lehrers besteht vor allem in der Gestaltung solcher Lernumgebungen, zu denen grundsätzlich auch die affektive Komponente (Motivation, Interesse, Ausdauer, Einstellungen u.dgl.) gehört. Hier kann auch gleich betont werden, daß der Computer (bzw. das Computerprogramm) genau genommen immer nur Teil eines systemischen Ganzen sein kann und soll, das erst die für den Lernfortschritt erforderliche Lernumgebung bildet. Insbesondere spielt der Lehrer in diesem System eine wichtige Rolle und er wird durch noch so gute Lernprogramme nicht überflüssig; Bedeutungsvermittlung über den engeren sachlichen Bereich hinaus wird des emphatischen menschlichen Vermittlers und der Anleitung und Führung durch eine Person bedürfen, zu der gute und gefühlsbetonte Beziehungen bestehen.

Doch zurück zu den kognitionstheoretischen Grundlagen der Mikrowelten! Ein Ausgangsprodukt ist dabei die Position, daß mathematische Begriffe, und hier wieder vor allem grundlegende und elementare Begriffe, auf gewissen Handlungen und Tätigkeiten der Menschen beruhen, vgl. dazu Dörfler (1988a). Meist geht es dabei um die Lösung durchaus praktischer Probleme in Bereichen wie Zählen, Messen, Konstruieren, räumliches Gestalten u.dgl. Der mathematische Begriff (wie z.B. verschiedene Zahlbegriffe, geometrische Begriffe) beinhaltet gleichsam in komprimierter Form die Lösung einschlägiger Probleme. Daher ist es sinnvoll und für einen adäquaten Begriffserwerb geradezu unumgänglich, daß der Lernende den Begriff in entsprechenden problemhaltigen Situationen durch Handlungen entwickelt. Wie das Vorschulkind beim Lösen von "Anzahlproblemen" durch Zählen grundlegende Kenntnisse über (natürliche) Zahlen entwickelt in einer natürlichen Lernumgebung der Alltagswelt, so soll eine Computerumgebung problemhaltige Handlungssituationen für die subjektive Konstruktion und

Entwicklung mathematischer Begriffe anbieten. Der Bruchzahlbe-
griff (oder zumindest wichtige Aspekte davon) sollte z.b. so beim
Lösen von Aufgaben des Verteilens und Aufteilens oder des Messens
entwickelt werden. Dadurch entsteht die Chance einer engen
kognitiven Anbindung des Bruch(zahl)begriffes an die ihm
zugrundeliegenden Handlungen und Operationen und damit ein
Verständnis des Begriffes, das auf definitorischem oder rein
mathematischem Wege nicht erreichbar ist. Als eine Maxime kann so
gelten: Der Computer simuliert für den Lernenden solche Aus-
schnitte der realen Welt als artifizielle Mikrowelten, in denen
der zu entwickelnde Begriff "angewandt", d.h. als Denkmittel und
Werkzeug zur Problemlösung eingesetzt werden soll.

Der Konnex einer derartigen Position zur Entwicklungspsychologie
Piaget's ist offensichtlich und daher ist es naheliegend, daß
auch andere Piagetsche Konzeptionen hier einfließen. Dies trifft
z.B. auf die abstrahierende Reflexion zu. An die Computer-
Mikrowelten ist auch die Anforderung gestellt, daß sie den
Lernenden zur Reflexion auf die ausgeführten Handlungen anleiten.
Dies kann durch entsprechende Fragen, durch Playback, durch
variierende Darstellungen, durch entsprechende strukturierte
Aufgabensysteme u.a. erfolgen. Besonders für diese Reflexionspha-
sen, aber auch ganz generell, erscheint es von großem Vorteil,
wenn die Lernenden nicht allein und isoliert vor dem Computer
arbeiten, sondern zu zweit oder gar in einer (kleinen) Gruppe.
Empirische Untersuchungen zeigen, daß es dabei zu lebhaften und
produktiven Gesprächen und Diskussionen kommt, in denen auch die
oben geforderte Reflexion angestoßen werden kann. Natürlich kommt
hierbei wiederum dem Lehrer eine ganz zentrale Rolle und
Bedeutung zu. Der Lehrer muß z.B. Adäquatheit der Begriffsentwicklung beim Lernenden durch gezielte Aufgabenstellung kontrol-
lieren, aber auch anleiten. Bekanntlich gibt es ja ganz subtile
Mißverständnisse bei Schülern, die höchstwahrscheinlich auch von
hochentwickelten Computerprogrammen nicht erkannt werden können,
und deren "Therapie" daher notwendig dem Lehrer obliegt.

In der bisherigen Diskussion standen Mikrowelten im Vordergrund,
in denen der Computer "reale Mikrowelten" mit mathematischem

Gehalt simuliert und als Handlungsfeld dem Lernenden anbietet. Dies entspricht wie gesagt der praktischen, außermathematischen Anwendung von Begriffen und Verfahren. Aber natürlich kann der Computer auch mathematische Mikrowelten in einem engeren Sinne simulieren, wo mathematische Objekte (wie Zahlen, geometrische Figuren) nicht deskriptiv verwendet werden, sondern selbständige Objekte sind, auf die sich mathematische Operationen beziehen: Rechnen mit Bruchzahlen, geometrische Transformationen, Operationen mit Funktionen u.s.f. Der Computer bietet dafür eine (oder mehrere) geeignete Repräsentation(en) der mathematischen Objekte (am Bildschirm) an, und der Lernende hat in interaktiver Computerbenutzung die geforderten Operationen auszuführen. Dabei geht es aber wieder um eine Mikrowelt: Eigenschaften der Operationen sind zu entdecken und zu notieren, zu abstrahieren und zu verallgemeinern; durch die Operationen sollen Beziehungen an und zwischen den mathematischen Objekten entdeckt und exploriert werden (z.B. Eigenschaften von Zahlen und geometrischen Figuren). Man kann hierin auch die Realisierung des Operativen Prinzips (vgl. Wittmann 1978) mithilfe des Computers sehen: Handelnde Untersuchung mathematischer Objekte unter der Fragestellung "Was geschieht, wenn ....?". Dementsprechend findet man auch oft wohlbekannte didaktische Vorschläge nun als Computer-Mikrowelten umgesetzt, und es ist zu hoffen, daß die Spezifika und Vorteile des Computers die didaktischen Zielsetzungen eher realisieren werden, als es ein traditioneller Mathematikunterricht bisher erreicht hat.

Eine wichtige und weitreichende Erkenntnis kognitionspsychologischer Forschung besteht darin, daß Denken und Schlußfolgern in vielen Bereichen und eben auch in der Mathematik gegenständlich erfolgen und zwar an sogenannten mentalen Modellen, vgl. dazu Davis (1984) und Johnson-Laird (1983). Dabei handelt es sich um mentale Repräsentationen von natürlichen oder artifiziellen Gegenständen, die in paradigmatischer und prototypischer Form Eigenschaften und Relationen von Begriffen aber auch von realen Situationen vergegenständlichen. Diese mentalen Modelle gestatten die Ausführung charakteristischer (z.B. für den jeweiligen Begriff) Handlungen und Operationen in besonders einfacher, ungestörter und durchsichtiger Weise. Den mentalen Modellen entsprechen mehr oder weniger gut und direkt die Darstellungen und (didaktischen) Modelle für mathematische Begriffe. Durch deren Wahrnehmung und durch an und mit ihnen ausgeführte Handlungen und Operationen kann und soll der Lernende seine subjektiven mentalen Modelle aufbauen, die letztlich immer ideosynkratisch bleiben. Dazu gehören sicher auch anschauliche Vorstellungen zu den Begriffen und ihren Repräsentanten, aber (mentale) Modelle können durchaus symbolischen Charakter haben. Wohlbekannte Beispiele sind z.b. die Zahlengerade als Modell der reellen Zahlen, die Zahlenebene als Modell der komplexen Zahlen, Strecken als Modelle für extensive Größen, Pfeile als Modell für Vektoren, Graph als Modell einer Funktion u.s.f. Wichtig ist es festzuhalten, daß derartige gegenständliche Repräsentanten erst durch an ihnen feststellbare Relationen und ausführbare Operationen die Qualität von Modellen erhalten und als Ausgangspunkt für die individuelle Konstruktion mentaler Modelle dienen können. Genau hier liegt wieder die Bedeutung entsprechend konstruierter Computermikrowelten. Diese sollen prototypische Repräsentanten simulieren und als Handlungsobjekte dem Lernenden zur Verfügung stellen: Im aktiven Umgang mit den (meist mehreren) Modellen in der Mikrowelt baut der Lernende seine eigenen mentalen Modelle auf. Vorteile dabei sind, daß der Computer die Konstruktion besonders "reiner" Modelle erlaubt, die beliebig verfügbar, manipulierbar und wiederholbar sind. Die Sperrigkeit und die Probleme der Handhabung bei vielen bekannten didaktischen Materialien (die z.T. dieselben Ziele verfolgen) fallen weg, wenn diese Materialien vom Computer simuliert werden. Damit ist nicht gesagt, daß nicht vor allem bei kleinen Kindern dem realen Hantieren mit Materialien große Bedeutung zukommt; es kann und soll aber durch "isomorphe" Handlungen am Computer ergänzt und vervollständigt werden. Abschließend sei noch darauf hingewiesen, daß es deutliche Befunde dafür gibt, daß gut entwickelte mentale Modelle auch sehr wichtig für Gedächtnisleistungen sind: Die Bedeutung mathematischer Begriffe wird wahrscheinlich nicht sosehr in Form verbaler Definitionen gemerkt, sondern vermittelt über mentale Modelle (an denen die exakte Verbaldefinition rekonstruierbar ist). Auch das mathematische Schließen erfolgt wohl eher inhaltlich anhand mentaler Modelle als formallogisch anhand verbaler Sätze und Definitionen (die man erst zur Vermittlung des Schlusses an andere benötigt). Jedenfalls hat hier die Fachdidaktik eine eminente Aufgabe in der Entwicklung von Computer-Lernumgebungen zur subjektiven Konstruktion mentaler Modelle.

B. ILLUSTRIERENDE BEISPIELE

Die folgenden Beispiele sind in etwa nach der curricularen Reihenfolge angeordnet. Natürlich kann eine verbale Beschreibung einer Computerlernumgebung niemals davon einen vollständigen Eindruck wiedergeben, wie er wohl erst nach längerem Umgang damit erreichbar ist. Neben den hier angeführten Mikrowelten gibt es natürlich auch für andere Stoffgebiete Computerlernumgebungen. Eine wachsende Zahl von Software-Herstellern vor allem in den USA produziert (nicht immer besonders gute) einschlägige Produkte, so daß jede Übersicht in kürzester Zeit überholt wäre.

1. Rechnen mit natürlichen Zahlen

Zu diesem Thema gibt es verschiedenste Übungsprogramme, die aber weitgehend den Charakter von drill-and-practice haben und m.E. auch nicht als Mikrowelten anzusehen sind. In solchen geht es ja gerade nicht um das Automatisieren von Kalkülen, sondern primär um begriffliche Einsicht und reflektierendes Verständnis. Entsprechende Mikrowelten vermitteln daher vor allem die inhaltlich-gegenständliche Bedeutung der Zahlen und der Rechen-operationen mit ihnen; es geht auch um eine Verfestigung des Anzahlaspektes. Die Grundidee ist einfach: Der Computer simuliert (graphisch am Bildschirm) didaktische Materialien wie z.B. Cuisenaire Stäbe, er stellt Mengen (idealisierter Objekte) dar und bietet gleichzeitig die Zifferndarstellung und den Zahlen-namen als Symbole für die jeweiligen Anzahlen. Das technische Hilfsmittel dafür ist die sogenannte Mehrfenstertechnik. Dabei wird der Bildschirm in mehrere "Fenster" (rechteckige Ausschnit-te) unterteilt, in denen jeweils eine der genannten Darstellungen gezeigt wird. Durch die Gleichzeitigkeit der verschiedenen Darstellungen wird eine ganz wichtige Tätigkeit möglich und optimal unterstützt: Das Übersetzen von einer Darstellung (einem

Modell in der oben verwendeten Terminologie) in eine andere. Dazu dienen etwa folgende Aufgabentypen. In einem Fenster wird eine Anzahl (im entsprechenden Modell) vorgegeben, der Schüler soll sie in die anderen Fenster übersetzen. Natürlich ist dafür erforderlich, daß der Zugang und die Eingabe über jedes Fenster erfolgen können. Der Computer überprüft die Richtigkeit und gibt entsprechende Hinweise. Passiver für den Schüler ist die Variante, daß er an der Darstellung in einem Fenster Transformationen vornimmt, die der Computer in den anderen Fenstern "nachspielt". Der Schüler kann dazu z.b. Prognosen über die zu erwartenden Ergebnisse stellen, die induzierten Transformationen beobachten oder gewünschte hervorrufen. In analoger Weise gibt es Aufgaben zum Addieren und zum Subtrahieren. Wichtig sind dabei die Übersetzungen von arithmetischen Beziehungen ("number sentences") unter den verschiedenen Darstellungen. In manchen Programmen sind auch Textaufgaben mit eingebaut, wo dann die entsprechenden einfachen Gleichungen in einem oder allen Fenstern dargestellt werden und dort gelöst werden können durch entsprechende Transformationen (Eingabe über die Tastatur). Wichtige Aspekte solcher Programme (im Unterschied zu reinen Übungsprogrammen) sind: der Schüler kann sich selbst Aufgaben stellen, kann selbst verschiedene Aufgabentypen wählen; Anleitung zur Reflexion auf die Verbindung zwischen Symbolen und symbolisierten Beziehungen durch simultane Darstellungen; Symbole können als Beschreibungen von Sachverhalten erfahren und benutzt werden. Für den affektiven und kognitiven Effekt solcher Programme ist es vorteilhaft, wenn mehrere (2-4) Schüler an einem Gerät arbeiten und z.B. sich gegenseitig Aufgaben stellen.

Die ganze Wirksamkeit der Mehrfenstertechnik zeigt sich bei Programmen zur Multiplikation und Division natürlicher Zahlen. Für erstere können simultan verschiedene Darstellungen (Modelle) für das Produkt angeboten werden: iteriertes Addieren, kartesisches Produkt, Baumdiagramm, Rechteckfläche und daneben wieder Wort- und Ziffernsymbolisierung. Der Leser kann sich ohne weiters vorstellen, welche große Vielfalt von Aufgabenstellungen in einer solchen Mikrowelt "Produkt natürlicher Zahlen" möglich ist. Genauso gilt dies für die Division, die ja auch schon in der

Produkt-Mikrowelt miteingebaut sein kann (als Umkehraufgaben). In einer speziellen Divisionsmikrowelt kann es Fenster z.B. für das Aufteilen, das Verteilen, das iterierte Wegnehmen u.a. geben. Diese Operationen erfolgen dabei wieder mit prototypischen Modellen, die durch einen Prozeß der "Verinnerlichung" zu entsprechenden mentalen Modellen im Schüler werden sollen. Aus diesen bezieht der Schüler dann seine subjektive Bedeutung von Division, Multiplikation usf.

2. Stellenwertsystem

Auch hier bieten die Programme im wesentlichen Simulationen bekannter didaktischer Materialien in Form von Mikrowelten: Dienes-Blöcke am Bildschirm, Tachometer-Prinzip in geeigneter Darstellung u.a. Dabei kann mit Vorteil wieder die Mehrfenstertechnik eingesetzt werden. Mannigfaltige Tätigkeiten werden in solchen Mikrowelten ausführbar; z.T. sind sie mit den ursprünglichen Materialien kaum realisierbar, weil sie von den Kindern zuviel manuelle Geschicklichkeit erfordern würden. Dazu gehören: Umformungen, Übersetzungen, Rechenoperationen, Zählprozesse, Größenvergleiche. Dabei gelten entsprechend alle weiter oben gemachten Anmerkungen zur Funktionalität der Mehrfenstertechnik. Natürlich bereitet die Umstellung auf andere Basen für das Stellenwertsystem keine Probleme (für die Programmierung der Stellenwertsystem-Mikrowelt). Wiederum beruht der besondere Effekt auf der Gleichzeitigkeit bildlicher, verbaler und symbolischer Darstellungen und ihren simultanen Veränderungen durch die Tätigkeit des Schülers.

3. Bruchzahlen

Nach den bisherigen Erläuterungen zur Mehrfenstertechnik genügt der Hinweis, daß man auch für die Brüche entsprechende Mikrowelten entwickelt hat. In diesen Mikrowelten sind dann Operationen wie Erweitern, Kürzen, Herstellen eines gemeinsamen Nenners und Rechenoperationen mit Brüchen wieder simultan in den verschiedenen Darstellungen (Fenstern) ausführbar, vergleichbar, aufeinander beziehbar. Die Bruchsymbole erhalten dadurch von Anfang an eine gegenständliche Bedeutung, die wieder fest in mentalen Modellen verankert werden kann.

Eine ganz andere Mikrowelt zu den Bruchzahlen stellt das Programm
DARTS dar, vgl. Dugdale (1984). Der Bildschirm zeigt dabei auf
einer (Zahlen-)Geraden an bestimmten Stellen "befestigte"
Luftballons. Der Schüler muß einen Pfeil durch Angabe eines
Bruches (= Entfernung des Ballons vom Ursprung) positionieren und
abschießen. Trifft der Pfeil den Ballon, so war der Bruch richtig
gewählt. Die gewählten Brüche bzw. ihre Werte werden auf der
Geraden durch entsprechende Punkte markiert. Ein Fehlversuch
erfordert also die Verbesserung des "Zielens" durch Veränderung
des Bruches. Damit sind implizit u.a. folgende Aufgaben gestellt:
Wie vergrößere (verkleinere) ich den Wert eines Bruches (um ein
gewisses "Stück")? Welcher Bruch entspricht einer gewissen
Strecke? Wie kann man die Brüche zu zwei Strecken addieren?
Können zwei Brüche dieselbe Strecke bezeichnen? Welcher von zwei
Brüchen ist (dem Wert nach) größer? Wie halbiert man einen Bruch?
In experimentierender und explorativer Tätigkeit kann damit der
Schüler selbständig zu den meisten Themen der Bruchrechnung
gelangen und so eine breite Erfahrungsbasis für einen daran
anschließenden Unterricht mehr formaler Natur erwerben.

4. Geometrie

In allen Geometrie-Lernprogrammen wird die Graphik-Fähigkeit des
Computers besonders genutzt. Im Grunde handelt es sich immer um
eine Form des Konstruierens am Bildschirm. Bei der Gestaltung der
Programme werden Ergebnisse der Entwicklung von CAD-Programmen
eingesetzt: Darstellbarkeit und Manipulierbarkeit zwei- und
mehrdimensionaler geometrischer Objekte am Bildschirm. Vor allem
die flexiblen Manipulationsmöglichkeiten (Löschen, Verschieben,
Vergrößern, Verkleinern, Zusammenbauen, Bauelemente auf Vorrat
u.a.) ergeben dabei eine Form des Konstruierens, die mit den
klassischen Zeichenwerkzeugen nicht erreichbar ist. Der Vorteil
ist ähnlich demjenigen, den eine (gute) Textverarbeitung über
Schreibmaschine und Handschrift besitzt: leichte Korrektur-
möglichkeit, Experimentierfreudigkeit, Abspeicherung von
Zwischenprodukten und Moduln sowie von unterschiedlichen
Versionen, Reproduzierbarkeit u.a.

In den derzeit verfügbaren Geometrie-Mikrowelten sind die Euklidischen Grundkonstruktionen als Grundbefehle über einfache Tasteneingabe realisierbar, so daß der Schüler dieselben Konstruktionsmöglichkeiten hat wie mit Zirkel und Lineal auf Papier - allerdings mit den oben genannten Vorteilen. Diese prinzipiellen Möglichkeiten können nun unterschiedlich eingesetzt werden. Eine besonders interessante Mikrowelt ist der Geometric Supposer, vgl. Schwartz u. Yerushalmi (1987). Dessen Intention ist es, den Schüler zur Bildung von Hypothesen über geometrische Sachverhalte hinzuführen. Ein (einfaches) Beispiel möge dies erläutern. Der Schüler zeichnet ein Dreieck und etwa die Streckensymmetralen. Er bemerkt, daß diese durch einen Punkt gehen. Das Programm ermöglicht ihm nun die Wiederholung der (abgespeicherten) Konstruktion an (vielen!) anderen Dreiecken, was zur Vermutung des entsprechenden Satzes führen sollte. Gleichzeitig wird dadurch reichhaltige geometrische Erfahrung möglich, die anders kaum herstellbar ist. Experimenteller Einsatz des Programms hat gezeigt, daß tatsächlich Schüler in der Lage sind, mit dem Programm geometrische Sätze zu entdecken (nicht notwendigerweise auch zu beweisen!). Das Programm bietet auch Befehle zur Längen- und Flächenberechnung, so daß auch metrische Sätze entdeckt werden können. Man beachte, daß diese Mikrowelt eine Form mathematischer und geistiger Tätigkeit ermöglicht, die zwar oft für den Mathematikunterricht als wünschenswert beschrieben, aber wohl kaum realisiert wurde. Letzteres lag sicher auch daran, daß das geeignete Medium für derartiges entdeckendes Lernen und induktives Verallgemeinern gefehlt hat. Gerade die unbeschränkte Variabilität in der Ausführbarkeit der jeweiligen Konstruktionen kann auch zur Weckung eines Beweisbedürfnisses führen: Ist es wirklich immer so, und warum ist es so? Letztlich ist es aber keine Geometrie der Sätze, sondern eine aktive, operative Geometrie, die hier angestrebt wird: Der Schüler lernt Geometrie durch handelnden Umgang mit geometrischen Objekten. Dies gilt auch für andere Geometrie-Mikrowelten, in denen es vorwiegend um die Lösung klassischer Konstruktionsaufgaben - aber eben am Bildschirm - geht. Auch hier ermöglicht der Computer ein stärker experimentelles Vorgehen als dieses mit Bleistift und Papier möglich ist.

Das Programm-Paket "Cabri-Geometer", entwickelt an der Universität von Grenoble, verfolgt ähnliche Zielsetzungen wie die Supposer-Programme, weist aber einen deutlich höheren technischen Standard auf. Vgl. dazu Laborde (1989).

In einem Abschnitt über Geometrie-Mikrowelten muß natürlich ein Hinweis auf die in der Programmiersprache LOGO angelegten Möglichkeiten erfolgen, noch dazu wo S. Papert in diesem Kontext den Terminus "Mikrowelt" eingeführt hat. Wenn auch die mit LOGO erzielbaren geometrischen Einsichten beschränkt sind, bieten doch LOGO-Mikrowelten alle wichtigen Charakteristika von Computerlern-umgebungen, wie ich sie oben beschrieben habe. Im übrigen kann ich hier aus Platzmangel nur auf die Literatur verweisen, z.B. Hoyles (1985 a,b), Solomon (1986), Hoyles und Noss (1987) oder natürlich Papert (1982) selbst.

5. Elementare Algebra und Gleichungen

Zum "Buchstabenrechnen" gibt es zahlreiche Übungsprogramme (vor allem Termumformungen, Einsetzübungen), die ich wieder nicht als Mikrowelten bezeichnen würde. Näher den Grundideen der Mikrowel-ten stehen Programme zur Vermittlung eines Variablenverständnis-ses. Ein Typ von solchen Lernumgebungen benutzt im wesentlichen Tabellenkalkulationsprogramme (spreadsheets). Damit kann sehr gut der Platzhaler- und Einsetzaspekt von (Buchstaben-)Variablen modelliert werden. Bekanntlich besteht ein spreadsheet aus einer matrixartigen Anordnung von Feldern, in die man Zahlen oder Formeln (=Berechnungsvorschriften für den Wert des Feldes) schreiben kann. Diese Felder kann man im oben ausgeführten Sinne als prototypische Modelle für Variable ansehen. In der Lernum-gebung wird für den Schüler deutlich erlebbar, wie in eine solche Variable eingesetzt wird (kann am Bildschirm verfolgt werden!), und wie der Wert einer Variablen (eines Feldes) zur Berechnung des Wertes einer Formel benutzt wird. Dazu kann ein Feld (eine Variable) direkt über ihren Platz in der Matrix oder über einen vorher vereinbarten Namen angesprochen werden. Auch die wichtige Unterscheidung zwischen Namen und Wert einer Variablen ergibt sich in diesem Modell in ganz naheliegender Weise. Anstelle einer

meist ohnedies unzulänglichen "Definition" von "Variable", wird
hierbei ein mentales Modell aufgebaut, das noch dazu die
wichtigsten Operationen mit Variablen beinhaltet. Wie in vielen
anderen Fällen ist auch dieses Modell (für Variable) nicht
universal, gewisse Aspekte des Gebrauchs von Variablen sind nicht
oder schlecht darin darstellbar (z.B.: Gegenstandsauffassung).
Siehe dazu Arganbright (1985) und Dörfler (1986).

Lineare Gleichungen sind ein zentrales Teilgebiet der elementaren
Algebra. Mit großen Problemen seitens der Schüler sind dabei die
Äquivalenzumformungen behaftet. Dazu trägt sicher bei, daß diese
Umformungen oft als inhaltsleere Regeln angegeben werden, m.a.W.,
den Schülern wird nicht die Chance geboten, adäquate mentale
Modelle aufzubauen. Dies versuchen dagegen Computerlernumgebungen, in denen Gleichungen (wie etwa 8+3x=x+20) durch Geradenpaare
am Bildschirm dargestellt werden u.zw. gleichzeitig mit der
algebraischen Schreibweise. Äquivalenzumformungen widerspiegeln
sich in Transformationen der Geraden bei fixem x-Wert des
Schnittpunktes (und umgekehrt). Auch der Effekt von Nicht-
äquivalenzumformungen kann erfahren werden (z.B. mal x). Nach
einiger Zeit des Arbeitens in dieser Mikrowelt kann die graphische Modellierung zu einem Denkmittel bei der Lösung von
Gleichungen werden, vergleichbar vielleicht mit der Rolle von
Vektoren in der Ebene als Repräsentanten für komplexe Zahlen.
Wichtig ist dabei jedenfalls der Aufbau einer engen kognitiven
Verbindung zwischen algebraischer und geometrischer Darstellung.
Zu diesen Programmen vergleiche Kaput (1986).

6. Funktionen

Zu diesem Themenbereich sind einmal die zahlreichen und z.t. sehr
leistungsfähigen Graphikprogramme zu erwähnen, die zu vorgegebenen Termen die Graphen zeichnen. Auch andere Formen der
Funktionseingabe sind dabei möglich (Stützstellen für Polynome
z.B.) und es bestehen z.t. gewisse Manipulationsmöglichkeiten wie
Zoomen, Nullstellen- und Extremwertbestimmung. Sind dies auch
keine eigentlichen Mikrowelten (die Eigentätigkeit der Schüler
fehlt weitgehend), so lassen sich doch mit diesen Programmen vom
Schüler Erfahrungen sammeln, die auf konventionellem Wege nicht

erreichbar sind. Ein aktives Eingreifen ermöglichen solche
Programme dem Schüler, wo dieser den Effekt von linearen
Transformationen von Argument und/oder von Funktionswert auf
Funktion und Graph untersuchen kann $(f(x)-f(ax+b))$. Auch das
Durchführen anderer Operationen (Summe, Produkt, Betrag) mit
Funktionen kann damit interaktiv durchgeführt und am Bildschirm
graphisch "erlebt" werden. Man vgl. etwa Dreyfus (1984).

Noch weiter hinsichtlich Aktivität und Interaktivität geht das
Programm Green Globs, sh. Dugdale (1982, 1984). Bei diesem muß
der Benutzer versuchen, einen Funktionsgraphen (durch Term
anzugeben) durch möglichst viele von vorgegebenen Punkten (green
globs) in einem Koordinatensystem zu zeichnen. Es ist klar, daß
hiermit Kenntnisse über Einfluß von Transformationen am Term auf
den Graphen, über die Wirkung von Operationen mit Termen u.dgl.
entwickelbar sind. Dabei kann die Klasse zugelassener Funktionen
verändert werden (z.B. nur Polynome oder rationale Funktionen).

Schließlich soll noch das Programm "The Algebraic Proposer" (vgl.
Schwartz 1987) erwähnt werden. Dieses bietet ganz unterschiedliche Darstellungsformen für rationale Funktionen vor allem im
Zusammenhang mit der Modellierung von Textaufgaben. Es soll damit
u.a. die Übersetzung verbaler Situationsbeschreibungen in ein
mathematisches Modell (hier: Funktion) unterstützt werden.

SCHLUSSBEMERKUNGEN

Wenn auch die Liste der derzeit vorliegenden Softwareprodukte zum
Mathematikunterricht sehr lang ist, kann man doch sagen, daß wir
erst am Anfang einer Entwicklung stehen, die noch viel Aufwand an
Forschung und Entwicklung erfordert. Diese müssen in mehrere
Richtungen erfolgen. Einerseits muß gründlich untersucht werden,
welche der technischen Möglichkeiten der modernen Computersysteme
didaktisch nutzbar gemacht werden können und sollen (z.B.
verschiedene Schnittstellengestaltungen Mensch-Maschine). Unter
Kenntnis aller technischen Möglichkeiten bedarf es dann der
didaktischen Forschung zur Entwicklung von Konzepten zu Mikrowelten, in denen natürlich auch kognitionspsychologische Forschungs-
ergebnisse zu berücksichtigen sind. Schließlich müssen die

entwickelten Programmsysteme empirisch-experimentell evaluiert (und dann wahrscheinlich verbessert) werden. Dies kann umgekehrt wieder zu neuen didaktischen oder psychologischen Einsichten führen. Jedenfalls zeigt sich bereits jetzt, daß der Computer in seiner Rolle als Lernmittel auch ein wirksames Stimulans für fachdidaktische Forschung und Entwicklung darstellt.

LITERATUR

Arganbright, D.E. (1985): Mathematical Applications of Electronic Spreadsheets. McGraw-Hill, New York.

Davis, R.B. (1984): Learning Mathematics: The Cognitive Science Approach to Mathematics Education. Ablex Publ. Comp., Norwood, N.J.

Dörfler, W. (Hrsg.) (1988a): Kognitive Aspekte mathematischer Begriffsentwicklung. Hölder-Pichler-Tempsky und Teubner, Wien und Stuttgart.

Dörfler, W. (1988b): Didaktischer Einsatz mathematischer Software: Tabellenkalkulationsprogramme. In: "Kleincomputer und Mathematikunterricht". Kongreß- und Tagungsberichte der Martin-Luther-Universität, Halle-Wittenberg 1989/23, pp. 78-85.

Dreyfus, T. (1984): How to use a computer to teach mathematical concepts. In: Proc. 6th Conference North American Chapter Internat. Group PME, Madison, Wisconsin.

Dugdale, S. (1982): Green Globs: A Microcomputer Application for Graphing of Equations. Mathematics Teacher, März 1982, 208-214.

Dugdale, S. (1984): Computers: Applications Unlimited. In: NCTM-Yearbook 1984, 82-88, Reston, Va.

Hanson, V.P. (Ed.)(1984): Computer in Mathematics Education. National Council of Teachers of Mathematics, Reston, VA.

Hoyles, C. (1985a): Developing a Context for LOGO in School Mathematics. The Journal of Mathematical Behavior 4, 237-256.

Hoyles, C. (1985b): Culture and Computer in the Mathematics Classroom. Inst. of Education, University of London. Turnaround Distribution, London.

Hoyles, C., und Noss, R. (1987): Seeing what matters: Developing an understanding of the concept of parallelogram through a LOGO microworld. In: Proc. 11th. Internat. Conf. PME, Montreal.

Johnson-Lairds, P.N. (1983): Mental Models. Cambridge University Press, Cambridge.

Kaput, J.J. (1986): Information Technology and Mathematics: Opening New Representational Windows. The Journal of Mathematical Behavior 5, No. 2, 187-207.

Kirsch, A. (1980): Folien zur Analysis, Serie A: Die Steigung einer Funktion. Schroedel Vgl., Hannover.

Laborde, C. (1989), Untersuchungen zum Einsatz von Computern im Mathematikunterricht. In: "Kleincomputer und Mathematikunterricht". Kongreβ- und Tagungsberichte der Martin-Luther-Universität, Halle-Wittenberg 1989/23, pp. 17-24.

Papert, S. (1982): Mindstorms. Kinder, Computer und Neues Lernen. Birkhäuser, Basel.

Schwartz, J.L. (1987): The Representation of Function in the Algebraic Proposer. In: Proc. 11th Internat. Conf. PME, vol. I, Montreal.

Schwartz, J., und Yerushalmi, M. (1987): The Geometric Supposer: An Intellectual Prosthesis for Making Conjectures. The College Mathematics J. 18, No. 1, 58-65.

Solomon, C. (1986): Computer Environments for Children. The MIT

Press, Cambridge, Mass.

Tall, D. (1985): Using Computer Graphics Programs as Generic Organisers for the Concept Image of Differentiation. In: Proc. 9th Internat. Conf. Psychology of Mathematics Education, Utrecht.

Thompson, P.W. (1985): A Piagetian Approach to Transformation Geometry via Microworlds. Mathematics Teacher, Sept. 1985, 465-471.

Wittmann, E.C. (1978): Grundfragen des Mathematikunterrichts. Vieweg-Vlg., Braunschweig.

Prof.Dr. W. Dörfler
Universität Klagenfurt
Institut für Mathematik
Universitätsstr. 65-67
A-9022 Klagenfurt

Computereinsatz im Mathematikunterricht der Realschule

von Eike A. Detering, Alfred-Wegener-Oberschule Berlin

1. Einleitung

"Der Einsatz von Computern im Fach Mathematik der Sekundarstufe I (Klasse 5-10) ist heute von untergeordneter Bedeutung und wird es vermutlich auch bleiben. Das liegt nicht nur daran, daß es bei großen Teilen der Lehrerschaft (und der Fachdidaktiker) an ausreichender Bereitschaft zur Arbeit mit dem Computer fehlt." /ME,1988/
Zugegeben, daß im Bereich der Sekundarstufe II der Computereinsatz im MU eine stärkere Ausprägung hat -was im übrigen auch an dem größeren Angebot von Software der Verlage indirekt abgelesen werden kann- aber so pessimistisch wie K. Menzel kann ich die Situation für die SEK I nicht sehen.
Für eine gewisse Zurückhaltung mancher Mathematik-Lehrer der Realschule gibt es aber auch Gründe, die beachtet werden sollten:

Manche Lehrer möchten sich erst dann mit dem Computer genauer auseinandersetzen, wenn an ihrer Schule 5 bis 10 Personal-Computer(PC) nebst Peripherie zur Verfügung stehen.
Wenn Rechner allerdings ausschließlich nur in den Fächern Informatik oder Arbeitslehre genutzt werden dürfen, sehen die übrigen Lehrer mitunter kein Motiv, sich rechtzeitig fortzubilden.

Manch älterer Lehrer denkt: Soll man alles Neue sofort begrüßen?
War nicht der Euphorie des Einführens der "Modernen Mathematik" ("Mengenlehre") ein fast totales Nichtbeachten gefolgt?

Rechner-Einsatz im MU macht tatsächlich zusätzliche Arbeit.

Ein mangelnder Fortbildungsstand der Lehrer könnte auch darauf zurückzuführen sein, daß noch nicht genügend Unterrichts-befreiungen bei Fortbildungen erfolgen.

Bisher mangelte es u.a. auch an technischen Voraussetzungen zum starken Vergrößern des Computer-Bildschirms im Klassenraum.

Dennoch findet -meist in aller Stille- Computereinsatz im MU der Realschule statt.

Es waren in erster Linie die Mathematik-Lehrer, die das
Medium Computer vor mehr als 15 Jahren als Pioniere in
die Schule gebracht haben.
Es steigt die Anzahl der Lehrer, die sich sogar privat
einen Computer kaufen und sich freiwillig und mitunter
autodidaktisch fortbilden.

Der Einsatz des Computers als Medium in der Hand des
Lehrers wird in letzter Zeit erleichtert, da
"LCD-Displays" als Auflage für einen Tageslicht-
projektor (zur vergrößerten Wiedergabe des Bildschirms)
so preiswert geworden sind, daß auch Realschulen diese
Zusatzgeräte erwerben können.

2. "Trigonometrie" in Klasse 10 der Realschule

Der Einsatz des Computers im MU einer Realschule soll
im folgenden am Beispiel "Trigonometrie" kurz skizziert
werden.

Der Rahmenplan für Unterricht und Erziehung in der
Berliner Schule (Niveau II) enthält den Hinweis,
daß in diesem Lernabschnitt das Rechenhilfsmittel Ta-
schenrechner zum Einsatz kommen soll.
Beginnend mit dem Begriff des "Bogenmaßes" reichen die
Themen bis zu Anwendungen des Sinus- und Kosinussatzes.

2.1 Erstellung von Unterrichts-Medien durch den Lehrer

Bei der Vorbereitung eines neuen Themas macht sich der
Lehrer zuerst Gedanken, ob das von den Schülern bisher
Gelernte ausreicht, um erfolgreich die neuen Lernziele
zu erreichen.
Sicherheitshalber wird er Materialien (Medien)
vorbereiten, die ein wiederholendes Trainieren der
Schüler ermöglichen.

Der folgende Arbeitsbogen (Abb. 1) ist mittels des
Rechenblattes von FRAMEWORK III erstellt worden.
Es wird der Zufallszahlengenerator benutzt!
Die Vorteile bei der Benutzung der Tabellenkalkulation
von FW III anstelle der Textverarbeitung sind evident:
Der Lehrer erhält exakt errechnete Lösungen (Abb. 2) ohne
große Mühe.
Das in Abb. 2 gezeigte Lösungs-Blatt könnte normal
kopiert werden oder als OH-Folie beim Lösungsvergleich
Einsatz finden.
Ob der Lehrer die Schüler zum schriftlichen Rechen-
verfahren auffordert oder ein Taschenrechnereinsatz
geplant ist, hängt von seiner persönlichen didaktischen
Entscheidung ab.
In Berufseignungstests ist oft der Taschenrechner-
Einsatz verboten; also wäre das Trainieren des
schriftlichen Rechenverfahrens auch sinnvoll.

===

Klasse: Name:

                               Datum:

===

Ubung (Wiederholung)

Bestimme die Werte der folgenden Quotienten auf 5 Stellen genau.

Die Angaben in der Tabelle sind so zu verstehen, daß oben rechts

die Zähler und links unten die Nenner der verschiedenen Brüche

sich befinden:

```
N       ZI   12
---------I---------------
   36    I 12/36=0,33333
                =======
```

```
N       ZI   12   I   28   I   26   I   36   I   30   I
---------I----------I----------I----------I----------I----------I
   36    I          I          I          I          I          I
   33    I          I          I          I          I          I
   28    I          I          I          I          I          I
   10    I          I          I          I          I          I
    3    I          I          I          I          I          I
   30    I          I          I          I          I          I
   39    I          I          I          I          I          I
---------I----------I----------I----------I----------I----------I
```

Abb. 1

Übung (Wiederholung)

Bestimme die Werte der folgenden Quotienten auf 5 Stellen genau.
Die Angaben in der Tabelle sind so zu verstehen, daß oben rechts
die Zähler und links unten die Nenner der verschiedenen Brüche
sich befinden:

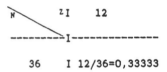

N \ z	12
36	12/36=0,33333

N \ z	12	28	26	36	30
36	0,33333	0,77778	0,72222	1	0,83333
33	0,36364	0,84848	0,78788	1,09091	0,90909
28	0,42857	1	0,92857	1,28571	1,07143
10	1,20000	2,80000	2,60000	3,60000	3
3	4	9,33333	8,66667	12	10
30	0,40000	0,93333	0,86667	1,20000	1
39	0,30769	0,71795	0,66667	0,92308	0,76923

Abb. 2

Nach der Einführung der Winkelfunktionen im Bereich
0° <= α <= 90° (rechtwinkliges Dreieck) und der Arbeit
mit dem Taschenrechner (Werte der verschiedenen
Winkelfunktionen) muß jeder Schüler genügend Übungs-
möglichkeiten erhalten.
In den Mathematik-Büchern sind manchmal zu wenig
Aufgaben eines Schwierigkeitsgrades.
Der folgende -mittels COMAL erstellte Arbeitsbogen-
bietet genügend Aufgaben gleichen Schwierigkeitsgrades.

Der Lehrer kann verschiedene Parameter selbst
festlegen: Die Größe der Werte für die Seitenlängen des
rechtwinkligen Dreiecks sowie die Anzahl der auszu-
druckenden Aufgaben:

****

                              Datum:

****

                  T R I G O N O M E T R I E

ird ein Normdreieck mit dem rechten Winkel bei C angenommen.

1	a= 20 cm,	b= 19 cm,	α =...............	Nr. 1	α =	46.4688 '
2	a= 26 cm,	b= 28 cm,	α =...............	Nr. 2	α =	42.8789 '
3	a= 15 cm,	b= 43 cm,	α =...............	Nr. 3	α =	19.2307 '
4	a= 46 cm,	b= 10 cm,	α =...............	Nr. 4	α =	77.7352 '
5	a= 17 cm,	b= 31 cm,	α =...............	Nr. 5	α =	28.7398 '
6	a= 14 cm,	c= 38 cm,	β =...............	Nr. 6	β =	68.3817 '
7	a= 12 cm,	c= 55 cm,	β =...............	Nr. 7	β =	77.3977 '
8	a= 30 cm,	c= 47 cm,	β =...............	Nr. 8	β =	50.3350 '
9	a= 14 cm,	c= 26 cm,	β =...............	Nr. 9	β =	57.4210 '
0	a= 41 cm,	c= 54 cm,	β =...............	Nr.10	β =	40.6011 '
1	b= 22 cm,	c= 27 cm,	β =...............	Nr.11	β =	54.5691 '
2	b= 42 cm,	c= 53 cm,	β =...............	Nr.12	β =	52.4153 '
3	b= 27 cm,	c= 54 cm,	β =...............	Nr.13	β =	30.0000 '
4	b= 28 cm,	c= 42 cm,	β =...............	Nr.14	β =	41.8103 '
5	b= 19 cm,	c= 52 cm,	β =...............	Nr.15	β =	21.4313 '

1988

3

Es handelt sich um ein selbstinstruierendes Unterrichts-
Medium.
Jeder Schüler erhält einen DIN A 4 - Bogen mit den
Lösungen.
Die rechts befindlichen Lösungen können umgeknickt
werden, so, daß die Schüler erst einmal selbständig
einige Aufgaben lösen können.
Falls sie irgendwann Gewißheit über die Lösungen
erlangen möchten, schauen sie durch Zurückklappen nach.
Der Lehrer ist frei für die persönliche Betreuung
besonders schwacher Schüler.
Die Aufgaben können natürlich auch ohne Lösungen
kopiert werden und beispielsweise als Grundlage für
Hausaufgaben dienen.
Ein Richtigkeitsvergleich wäre dann mit Hilfe einer
OH-Folie (incl. Lösungen!) möglich.

Bei Anwendungsaufgaben ist es manchmal sinnvoll,
auch Aufgaben anzubieten, bei denen der Schüler Angaben
aus einer Grafik oder einem Koordinatensystem entnehmen
soll.
Zur Vorbereitung eines solchen Arbeitsbogens (siehe
Abb. 4) wurde u.a. die Shareware "MATHEASS" eingesetzt:

Trigonometrie

Berechne für das folgende Vieleck den Umfang trigonometrisch.
Lies die benötigten Werte aus dem Koordinatensystem ab!

Beachte:
1. Dreiecke einzeichnen und benennen!
2. Trigonom. Funktion aufschreiben
3. Auflösung nach dem gesuchten Winkel
4. Trigonom. Funktion aufschreiben
5. Auflösung nach der gesuchten Seite

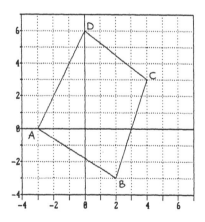

Abb. 4

SINUS- u. KOSINUSSATZ

Schütz,Wurl: Mathematik für die Sekundarstufe I ,Kl.10
Lösung zu S.121 , 1a

Ein Viereck wurde im Gelände von den Endpunkten der Stand-
linie AB = 175 m mit den nachfolgenden Winkeln vermessen:

α = 96° , β = 104° , α' = 43° , β' = 37°

1. Berechnungen im Dreieck ABD:

a) δ'= 180° - α - β'   b) Berechnung von f mittels SINUS-Satz:
   δ'= 180° - 96° - 37°
   δ'=   47 $$\frac{f}{\sin \alpha} = \frac{a}{\sin \delta'}$$
   ==============

                                             $$f = \frac{a \cdot \sin \alpha}{\sin \delta'}$$

                                             $$f = \frac{a \cdot \sin 96°}{\sin 47°}$$

                                             $$f = \frac{175 \cdot 0,994522}{0,731354}$$

                                             $$f = 237,971 \; m$$
                                             ==========================

2. Berechnungen im Dreieck ABC:

a) gamma'= 180° - α' - β   b) Berechnung von b mittels SINUS-Satz:
   gamma' = 180° - 43° - 104°
   gamma'=   33 $$\frac{b}{\sin \alpha'} = \frac{a}{\sin gamma'}$$
   =================

                                             $$b = \frac{a \cdot \sin \alpha'}{\sin gamma'}$$

                                             $$b = \frac{a \cdot \sin 43°}{\sin 33°}$$

                                             $$b = \frac{175 \cdot 0,681998}{0,544639}$$

                                             $$b = 219,135 \; m$$
                                             ==========================

Abb. 5.1

3. Berechnungen im Dreieck BCD:

a) $\beta'' = \beta - \beta'$ b) Berechnung von c mittels KOSINUS-Satz:

$\beta'' = 104° - 37°$

$\beta'' = \quad 67°$ $c^2 = f^2 + b^2 - 2fb \cdot \cos \beta''$

==================

$c^2 = 237,9714^2 + 219,1354^2 - 2 \cdot 237,9714 \cdot 219,1354 \cdot \cos 67°$

$c^2 = \quad 56630,43 + \qquad 48020,34 - \qquad 40751,68$

$c^2 = \quad 63899,09$

$c = \quad 252,7827$ m

====================

alternativer Lösungsweg:

=========================

1. Berechnungen im Dreieck ABD:

a) $\delta' = 180° - \alpha - \beta'$ b) Berechnung von d mittels SINUS-Satz:

$\delta' = 180° - 96° - 37°$

$\delta' = \quad 47°$

==============

$$\frac{d}{\sin \beta'} = \frac{a}{\sin \delta'}$$

$$d = \frac{a \cdot \sin \beta'}{\sin \delta'}$$

$$d = \frac{a \cdot \sin 37°}{\sin 47°}$$

$$d = \frac{175 \cdot 0,601815}{0,731354}$$

$$d = 144,004 \text{ m}$$

===========================

2. Berechnungen im Dreieck ABC:

a) gamma' $= 180° - \alpha' - \beta$ b) Berechnung von e mittels SINUS-Satz:

gamma' $= 180° - 43° - 104°$

gamma' $= \quad 33°$

====================

$$\frac{e}{\sin \beta} = \frac{a}{\sin \text{ gamma}'}$$

$$e = \frac{a \cdot \sin \beta}{\sin \text{ gamma}'}$$

$$e = \frac{a \cdot \sin 104°}{\sin 33°}$$

$$e = \frac{175 \cdot 0,970296}{0,544639}$$

$$e = 311,769 \text{ m}$$

===========================

Abb. 5.2

3. Berechnungen im Dreieck ACD:

a) α'' = α - α'   b) Berechnung von c mittels KOSINUS-Satz:
   α'' = 96° - 43°
   α'' =   53 °   c² = d² + e² - 2de·cos α''
==================
                             c² = 144,004² + 311,769² - 2 · 144,004 · 311,769 · cos 53°

                             c² =   20737,06 +   97200,12 -   54038,10

                             c² =   63899,09

                             c =   252,7827 m
                             ==================

c) Berechnung von gamma'' mittels SINUS-Satz:

$$\frac{\sin gamma''}{d} = \frac{\sin α''}{c}$$

$$\sin gamma'' = \frac{d \cdot \sin α''}{c}$$

$$\sin gamma'' = \frac{144,004 \cdot \sin 53°}{252,78}$$

$$\sin gamma'' = \frac{144,004 \cdot 0,798636}{252,78}$$

$$\sin gamma'' = 0,455$$

$$gamma'' = 27,06°$$
==========================

gamma = gamma' + gamma''   δ = 360 - α - β - gamma

gamma =   60,06 °   δ =   99,94 °
==================   ==================

Abb. 5.3

Hausaufgaben gehören zum unverzichtbaren Bestandteil
des MUs.
Manchmal ist der Kontroll- und Lösungs-Vergleichs-
aufwand aber unerwünscht hoch.
In solchen Fällen kann mit vorbereiteten Lösungen
gearbeitet werden, die dem Schüler an die Hand gegeben
werden können und zugleich auch ein Muster des
(denkbaren) Lösungsweges darstellen.
Die Abb. 5.1-5.3 zeigen einen solchen mittels der
Tabellenkalkulation von FW III erstellten Lösungsweg.

2.2 Einsatz des Computers im MU als Werkzeug (Medium) in der Hand des Lehrers

Nachdem die Winkelfunktionen im rechtwinkligen Dreieck eingeführt wurden und die Erweiterung von α > 90° anhand des Einheitskreises vermittelt wurde, ist es Zeit, die Graphen der Funktionen mit den Schülern zu entwickeln.
Dies wurde früher durch die Arbeit mit einer Zahlentafel vorbereitet. D.h., es wurde Sicherheit im Umgang mit Winkeln 0° < α < 360° bezüglich aller Winkelfunktionen vermittelt.
Heutzutage wird man das Werkzeug TASCHENRECHNER (TR) gerade bei den Winkelfunktionen nicht missen wollen.
Sofern die Benutzung des TRs seit Beginn der 9. Klasse geübt wurde, haben die Schüler keine Probleme beim Rechnen.

Die nachfolgende Übung (Abb. 6) soll vom Schüler mit Hilfe des Taschenrechners bearbeitet werden.

Klasse: Name:
                                                    Datum:

==

Trigonometrie

Bestimme mit dem TR jeweils das Bogenmaß
sowie die Winkelfunktionswerte!
Genauigkeit: 8 Stellen nach dem Komma

x in Grad	x im Bogenmaß	Iy= Isin x	Iy= Icos x	Iy= Itan x	Iy= Icot x
0	I	I	I	I	I
15	I	I	I	I	I
30	I	I	I	I	I
45	I	I	I	I	I
60	I	I	I	I	I
75	I	I	I	I	I
90	I	I	I	I	I
105	I	I	I	I	I
120	I	I	I	I	I
135	I	I	I	I	I
150	I	I	I	I	I
165	I	I	I	I	I
180	I	I	I	I	I
195	I	I	I	I	I
210	I	I	I	I	I
225	I	I	I	I	I
240	I	I	I	I	I
255	I	I	I	I	I
270	I	I	I	I	I
285	I	I	I	I	I
300	I	I	I	I	I
315	I	I	I	I	I
330	I	I	I	I	I
345	I	I	I	I	I
360	I	I	I	I	I

Abb. 6

ie ist zugleich eine Vorbereitung auf die Erstellung der
raphen der Winkelfunktionen (Wertetabelle).

a obige Übung mittels der Tabellenkalkulation von
W III erstellt wurde, bedeutete es keinen großen
eitaufwand, die Lehrerlösung (Abb. 7) zu gestalten.
um Vergleich der Lösungen projiziert der Lehrer das zu
ause vorbereitete Rechenblatt mittels LCD-Displays an
ie Wand.
ür die Schüler, die einen 10-stelligen TR haben,
önnen auch noch die restlichen Ziffern sichtbar
emacht werden.

ösung zu Abb. 6

Trigonometrie

estimme mit dem TR jeweils das Bogenmaß
owie die Winkelfunktionswerte!
enauigkeit: 8 Stellen nach dem Komma

x in Grad	x im Bogenmaß	Iy=Isin x	Iy=Icosx	Iy=Itan x	Iy=Icot x
0	0	I 0	I 1,00000000	I 0	I#DIV/0!
15	0,26179939	I 0,25881905	I 0,96592583	I 0,26794919	I 3,77704254
30	0,52359878	I 0,50000000	I 0,86602540	I 0,57735027	I 1,83048772
45	0,78539816	I 0,70710678	I 0,70710678	I 1	I 1,17026073
60	1,04719755	I 0,86602540	I 0,50000000	I 1,73205081	I 0,85047700
75	1,30899694	I 0,96592583	I 0,25881905	I 3,73205081	I 0,69131087
90	1,57079633	I 1,00000000	I 0	I#DIV/0!	I 0,64209262
105	1,83259571	I 0,96592583	I-0,25881905	I-3,73205081	I 0,69131087
120	2,09439510	I 0,86602540	I-0,50000000	I-1,73205081	I 0,85047700
135	2,35619449	I 0,70710678	I-0,70710678	I -1	I 1,17026073
150	2,61799388	I 0,50000000	I-0,86602540	I-0,57735027	I 1,83048772
165	2,87979327	I 0,25881905	I-0,96592583	I-0,26794919	I 3,77704254
180	3,14159265	I 0	I-1,00000000	I 0	I#DIV/0!
195	3,40339204	I-0,25881905	I-0,96592583	I 0,26794919	I-3,77704254
210	3,66519143	I-0,50000000	I-0,86602540	I 0,57735027	I-1,83048772
225	3,92699082	I-0,70710678	I-0,70710678	I 1	I-1,17026073
240	4,18879020	I-0,86602540	I-0,50000000	I 1,73205081	I-0,85047700
255	4,45058959	I-0,96592583	I-0,25881905	I 3,73205081	I-0,69131087
270	4,71238898	I-1,00000000	I 0	I#DIV/0!	I-0,64209262
285	4,97418837	I-0,96592583	I 0,25881905	I-3,73205081	I-0,69131087
300	5,23598776	I-0,86602540	I 0,50000000	I-1,73205081	I-0,85047700
315	5,49778714	I-0,70710678	I 0,70710678	I -1	I-1,17026073
330	5,75958653	I-0,50000000	I 0,86602540	I-0,57735027	I-1,83048772
345	6,02138592	I-0,25881905	I 0,96592583	I-0,26794919	I-3,77704254
360	6,28318531	I 0,00000000	I 1,00000000	I 0,00000000	I**************
x in Grad	x im Bogenmaß	Iy=Isin x	Iy=Icosx	Iy=Itan x	Iy=Icot x

Abb. 7

Das Verfahren des Konstruierens des Graphen für y=sin x
kann den Schülern vorgestellt werden, noch ehe diese
selbst mit der eigenen Konstruktion beginnen (besonders
empfehlenswert, wenn in der Klasse viele schwache Schüler
sind!).
Diesen Zweck erfüllt das Programm SICO (Autor: E.Neumann)
u.a. besonders gut.
Die Bedienung ist gesteuert durch "Pull-down-Menüs".
Der Lehrer wird nicht durch ein lineares Programm
gegängelt sondern kann frei den Einsatz entscheiden.
Die folgenden "Schnappschüsse" wurden mit Hilfe der
"Kamera"-Funktion des DTP-Programmes BYLINE erstellt .
sie sollen als quasi "Zeitraffer"-Aufnahmen verdeutlichen, wie vorgegangen werden kann:

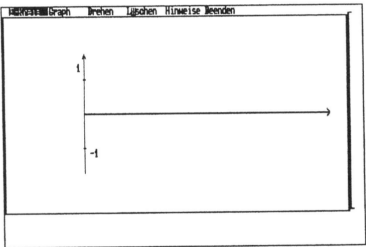

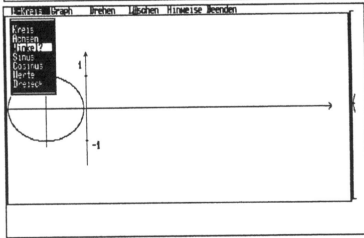

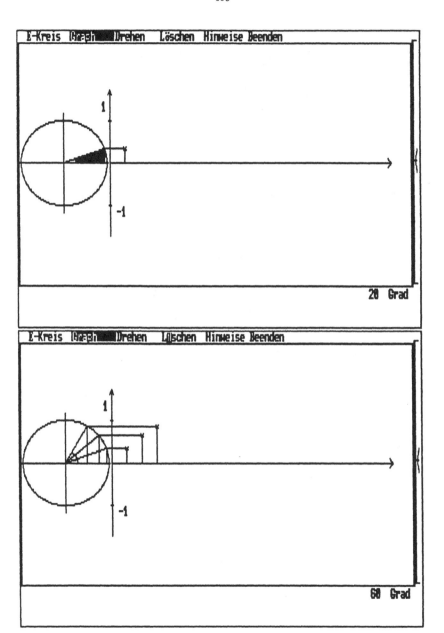

Abb.8 u. 9

Das Vorgehen des Schülers beim Konstruieren wird
simuliert.

Die Beschriftung der x-Achse wurde bewußt weggelassen.
So kann mit dem Bogenmaß oder dem Gradmaß (je nach
Wunsch des Lehrers) gearbeitet werden.
Anders gesagt: Das Problem kann anfangs vernachlässigt
werden.
(Im Unterricht benutzt der Lehrer die Projektion des
LCD-Displays an die Wand.Ein tragbares Gerät (Laptop)
ist für den Einsatz recht praktisch.)
Nachdem das Bogenmaß ausführlich abgeleitet wurde, sollte
auch damit gearbeitet werden.

Nach Wunsch des Lehrers ist alternativ oder ergänzend
an dieser Stelle des Unterrichts auch ein anderes
Software-Werkzeug einsetzbar.
Obwohl beim Thema "Einführung der Funktion" eleganter
einsetzbar, ist VIVITAB doch auch bei diesem Thema von
Nutzen.
VIVITAB ist zunächst erst einmal eine Tabellenkal-
kulation für den MU.
Es kann also eine Wertetabelle für y=sin x mittels
VIVITAB recht elegant entwickeln werden.
Dies geschieht vor den Augen der Schüler Schritt für
Schritt.
Wenn man sich für eine Schrittweite von 30° entscheidet,
entsteht die folgende Tabelle (Abb. 10) unter Einbezug
des Bogenmaßes (hier in der Version: breite Spalten).
Man kann die Werte für x, x im Bogenmaß(xb) und y
sukzessive einzeln entstehen lassen.
Man kann dann aber auch mittels "r"="Rechnen" alle
15 Werte spaltenweise errechnen lassen.

Name der Tabelle: sinus.tab

Formel: x = :x+30   Wert: 0.0000000000E+00

n	x	xb	y	d	e
15	:x+30	x*pi/180	sin(xb)		
1	0	0	0		
2	30	0.5235987756	0.5		
3	60	1.0471975512	0.8660254038		
4	90	1.5707963268	1		
5	120	2.0943951024	0.8660254038		
6	150	2.617993878	0.5		
7	180	3.1415926536	3.637978E-12		
8	210	3.6651914292	-0.5		
9	240	4.1887902048	-0.866025403		
10	270	4.7123889804	-1		
11	300	5.235987756	-0.866025403		
12	330	5.7595865316	-0.5		
13	360	6.2831853072	-3.63797E-12		
14	390	6.8067840828	0.5		
15	420	7.3303828584	0.8660254038		

    Reelle Zahl
? Rech Kalk Aut Wied Lösh Spch Brt Ntn Cst Txt Graf

Abb. 10

Jederzeit kann ein Grafik-Fenster aufgerufen werden,
das die Entstehung des Graphen punktweise (Abb. 11) zu
verfolgen gestattet:

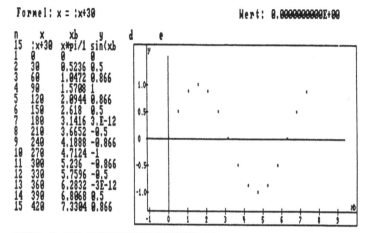

Name der Tabelle: sinus.tab

Formel: x = :x+30   Wert: 0.0000000000E+00

```
n    x      xb      y      d    e
15   :x+30  x*pi/1  sin(xb
1    0      0       0
2    30     0.5236  0.5
3    60     1.0472  0.866
4    90     1.5708  1
5    120    2.0944  0.866
6    150    2.618   0.5
7    180    3.1416  3.E-12
8    210    3.6652  -0.5
9    240    4.1888  -0.866
10   270    4.7124  -1
11   300    5.236   -0.866
12   330    5.7596  -0.5
13   360    6.2832  -3E-12
14   390    6.8068  0.5
15   420    7.3304  0.866
```

Reelle Zahl
? Rech Kalk Aut Wied Lösh Spch Brt Htn Cst Txt Graf Def Pnkt Verb Fnkt X Y Zau (

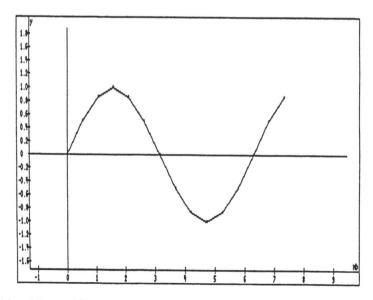

Abb. 11 u. 12

Falls die Option "v"="Verbinden der Punkte" gewählt
wird, so werden die Punkte durch Strecken verbunden
(so, wie es der naive Schüler auch tun könnte).
Die Abb. 12 zeigt deutlich das "Unrunde" des Graphen
y=sin x.
Falls einzelne Schüler keinen Unmut äußern, könnte das
Erweitern der Wertetabelle auf doppelt so viele Werte-
paare zeigen, daß eine "geschmeidigere" Kurve entsteht.
Das Problem der Grundmenge für die Funktion (hier auch
wieder angezielt: G=Q) ist den Schülern aber bereits
von Funktionen wie y=x² bzw. y=1/x bekannt.

Sofern auf Beispiele aus der Physik (Wellenlehre)
eingegangen werden kann, könnte auch das Software-
Werkzeug FUNK des Klett-Verlages hilfreich sein.
FUNK ist ein Funktions-Plotprogramm mit vielen
Möglichkeiten (auch zur "Kurvendiskussion" in SEK II).
Mittels FUNK kann der Lehrer zu Hause bereits Funktionen
vorbereiten, die abgespeichert werden und bei Bedarf im
Unterricht abgerufen werden können.
Mittels FUNK ließe sich den Schülern u.a. (propädeutisch)
visuell die Überlagerung von Wellen verdeutlichen:

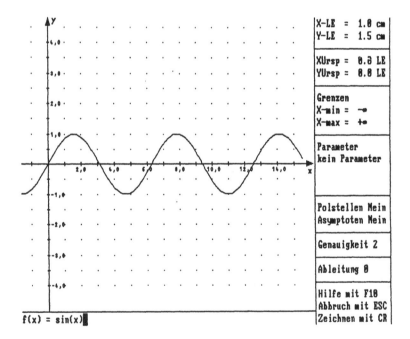

Abb.13
Falls genügend Zeit vorhanden, könnte die "Amplituden-
Addition" (Andeutung in Abb. 14 u. 15) geübt werden.

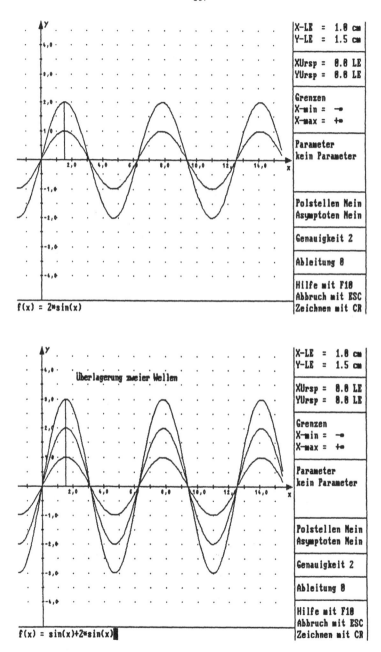

f(x) = 2*sin(x)

f(x) = sin(x)+2*sin(x)

Abb. 14 u. 15

FUNK gestattet auch das Einzeichnen von Senkrechten und
Texten in der Grafik (Abb. 15).

2.3 Der Computer in der Hand des Schülers

Ich denke, daß der Prozentsatz der Schüler einer
Schule, die privat einen Computer besitzen größer ist
als der, der Lehrer.
Schüler kommen über das Spiel zu den ernsthafteren
Anwendungen des Rechners.
Damit sie die ausschließlich spielerische Komponente
des Umgangs mit dem Computer schneller verlassen
können, muß Schule hilfreiche Angebote betr. den
sinnvollen Einsatz des Computers machen.
Zuerst wird sich dabei das Bildungsangebot einer
Arbeitsgemeinschaft realisieren lassen.
Nachdem Lehrer im Umgang mit dem Computer erste
Sicherheit erlangt haben, wollen sie ihre Fähigkeiten
erst einmal im "Spielfeld" einer AG erproben.
Wenn die Schule noch nicht so viele Rechner hat, kann
die gewöhnlich kleinere Schülergruppe einer AG auch
angemessen betreut werden.
Der Verfasser betreut seit einem Jahr z.B. eine AG
"Mathematik mit dem Computer".
Sie ist offen für Schüler der Klassen 8-10.
Denkbar wäre auch ein AG-Angebot für Schüler der 9. und
10. Klassen zum Thema "Arbeiten mit einer Tabellen-
kalkulation". /vgl. Bö u.a.,1988/
Bei der zuletzt genannten AG kann man fragen, wieso
dieses Thema nicht durch die Informationstechnischen
Grundbildung (ITG) abgedeckt wird?
In Berlin ist die Durchführung der ITG an der
Realschule (für alle Schüler einer Schule) zur Zeit
noch freiwillig und von einer besonderen Genehmigung
der Senatsverwaltung für Schulwesen abhängig.
Defacto nehmen noch nicht alle Realschulen an der ITG
teil.
Läßt man den Unterrichtblock ITG an der Realschule, der
innerhalb des Wahlpflichtunterrichts stattfindet, im
8. Schuljahr stattfinden, so kann in den Folgejahren
damit gerechnet werden, daß der Computereinsatz in den
anderen Unterrichtsfächern davon positiv profitieren
könnte.
Diese Entwicklung kann dann auch zu einem verstärkt
schülerorientierten bzw. experimentellem Computereinsatz im MU führen.
Ein experimenteller, durch aktive Eigentätigkeit der
Schüler ausgeprägter MU erfordert allerdings eine
sorgfältigere Planung durch den Lehrer als herkömmlicher MU.
Der Lernprozeß der Schüler muß u.a. durch lernziel-
orientierte Arbeitsanweisungen (Arbeitsbögen) des
Lehrers gesteuert werden. /De, 1988/

3. Das Medium Computer im MU der Realschule (Ausblick)

Das Medium Computer steht in Konkurrenz zu den herkömmlichen Medien des MUs.

Immer dann, wenn ein herkömmliches Medium mehr leisten
bzw. schneller zum Einsatz gelangen kann, ist es
vorzuziehen.
In diesem Zusammenhang sei darauf hingewiesen, daß der
Einsatz des Taschenrechners wegen des Computereinsatzes
nicht vernachlässigt werden sollte.
Wenn der Realschüler nach 4 Jahren die Mittlere Reife
erhalten hat, soll er in der Lage sein, einen wissenschaftlichen TR bedienen zu können.

Computereinsatz im MU bedeutet nicht, daß während der
ganzen Unterrichtsstunde ein Computer im MU eingesetzt
werden muß.
Der Einsatz des Computers im MU kann sich auf ganz
kleine Zeitspannen innerhalb einer Unterrichtsstunde
beziehen.

Sofern genügend Rechner an einer Realschule allen
Mathematik-Lehrern zur Verfügung stehen, wird der
Anteil des Computereinsatzes im MU kontinuierlich
steigen.

Es leuchtet aber auch ein, daß das Vorhandensein oder
Nichtvorhandensein geeigneter Unterrichts-Software an
der Schule den Computer-Einsatz ebenso fördert oder
hemmt.

Darum ist es ganz erfreulich, daß sich Berliner Lehrer
bei der ARBeitsgruppe Unterrichts-Software (ARBUS) der
Senatsverwaltung für Schulwesen... über den Einsatz des
Computers im Fachunterricht beraten lassen können.
In den Räumen der ARBUS kann U-Software vom Lehrer
persönlich erprobt werden, um sich über den Inhalt
sowie das didaktische Konzept der Software zu
informieren.
Im positiven Falle werden somit zusätzliche Argumente
für die Anschaffung einer bestimmten Software durch die
Fachkonferenz gewonnen.
Darüberhinaus gibt es in Berlin ein sehr reichhaltiges
Lehrerfortbildungsangebot (betr. den Computer-Einsatz
in der Schule), in dessen Rahmen ARBUS auch Fortbildungs-
veranstaltungen für unterschiedliche Zielgruppen anbietet.

Beste Voraussetzungen für eine erfolgreiche Arbeit mit
dem Computer im MU haben die Schulen, die bereits über
einen Mathematik-Fachraum verfügen, der auch
hinreichend mit PCs und schuleigener Software
ausgestattet ist.
In solch einem M-Fachraum ließen sich sogar schüler-
orientierte, experimentelle (Gruppenunterricht)
MU-Sequenzen durchführen.

Erst wenn derart die Eigenaktivität des einzelnen
Schülers und damit seine besondere Motivation im
Vordergrund des MUs steht, wird die Qualität eines
computerorientierten MUs entscheidend steigen.

Software:

Im Falle eines Interesses an der genannten COMAL- bzw.
FRAMEWORK-Software wende man sich bitte schriftlich an
den Verfasser, der auch den Kontakt zum Autor von SICO
herstellen kann.

Literatur:

/Bö u.a.,1988/ Böhm,Ehrhardt,Hole: Schüler arbeiten mit
einem Tabellenkalkulationsprogramm, Stuttgart, 1988,
S.4

/De,1988/ "Der Computer im Fachunterricht der Berliner
Schule"
-Beiträge der Arbeitsgruppe Unterrichtssoftware- ,
Der Senator für Schulwesen, Berufsausbildung und Sport,
Landesbildstelle, Berlin 1988, S.46

/Gr,1988/ Graf(Hrsg.): Computer in der Schule 2 ,
Teubner, Stuttgart, 1988

/Me,1988/ Menzel: "Sachrechnen mit integrierter
Standardsoftware (FRAMEWORK)" , in: /Gr,1988/,S.146

Eike A. Detering
Schlangenbader Str. 35
1000 BERLIN 33

Martin Pfahl

Informatikunterricht im Vergleich mit einem modifizierten Mathematikunterricht

1. Entwicklung und Ziele des Informatikunterrichts

1.1 Stand und Entwicklung der Informatik als Unterrichtsfach in der Sekundarstufe II allgemeinbildender Schulen

Nachdem seit ca. 1970 intensive Diskussionen über Sinn und Konzeption von Informatikunterricht stattfanden, veröffentlichte die Gesellschaft für Informatik (GI) Empfehlungen für viele Bereiche in Ausbildung und (Berufs-)Fortbildung: (vgl. log in 7 (1987), Heft 5/6)

- Zielsetzung und Inhalte des Informatikunterrichts, 1976;

- Empfehlung zur Ausbildung, Fortbildung und Weiterbildung von Lehrkräften für das Lehramt Informatik für die Sekundarstufe I und II, 1979;

- Stellungnahme und Empfehlungen zum Volkshochschulzertifikat Informatik, 1979;

- Lernziele des Informatikunterrichts an kaufmännischen Schulen, 1982;

- Informatik an Fachhochschulen, 1984;

- Informatik an gewerblich-technischen Schulen, 1985;

- Ausbildung von Diplom-Informatikern an wissenschaftlichen Hochschulen, 1985;

- Rahmenempfehlungen für die Informatik im Unterricht der Sekundarstufe I, 1986;

- Integration der Informatik in die Ingenieurstudiengänge an wissenschaftlichen Hochschulen, 1986;

- Empfehlungen zur Lehrerbildung im Bereich der Informatik, 1987.

Ab 1965 werden erste Schulversuche für ein Fach: Rechnerkunde durchgeführt. 1969 werden in Nordrhein-Westfalen von offizieller Seite Maßnahmen ergriffen, Informatik als ein neues Schwerpunktfach an Schulen einzuführen. In Bayern erfolgte 1971 eine erste Festlegung von Schwerpunkten für Studenten des Lehramts; gleichzeitig wird eine Lehrplaneinheit: Informatik im Grundkurs Mathematik vorgestellt. In der 1972 erfolgten KMK-Vereinbarung werden die neuen Wahlfächer Technologie und Datenverarbeitung festgeschrieben. In diesem Zeitraum entstehen in vielen Bundesländern die ersten Lehrpläne für Informatikunterricht (vgl. Arlt: 1981).

1983 werden in Niedersachsen, Rheinland-Pfalz und Saarland neue oder überarbeitete Lehrpläne für Informatik in der Sekundarstufe II eingeführt, und in Hessen wurde ein Entwurf vorgestellt, so daß die Entwicklung der Lehrpläne als *zunächst* abgeschlossen betrachtet werden kann (vgl. Burkert: 1984).

Der organisatorische Rahmen für den Informatikunterricht in der gymnasialen Oberstufe sieht in den einzelnen Bundesländern wie folgt aus (vgl. Burkert: 1984):

- als Leistungsfach wird Informatik, mit einer wöchentlichen Stundenzahl von 5 Stunden, nur im Saarland angeboten;

- als 3. oder 4. Abitur-Prüfungsfach, mit mindestens vier Grundkursen in vier Halbjahren, kann Informatik in den Bundesländern: Berlin, Bremen, Hamburg, Hessen, Niedersachsen, Nordrhein-Westfalen, Saarland, Schleswig-Holstein und in Rheinland-Pfalz als 4. Prüfungsfach gewählt werden. In den Bundesländern Baden-Württemberg, Bayern und Hamburg wird Informatik erst für die Jahrgangsstufen 12 und 13 angeboten;

- Informatikkurse zur Erfüllung von Auflagen im Wahlpflichtbereich werden mit höchstens zwei Grundkursen angerechnet. Ein Ersatz für einen oder mehr der in den KMK-Vereinbarungen geforderten 2 Kurse in Mathematik oder 4 Kurse in Naturwissenschaften ist nicht möglich.

Weiter gibt Burkert einen Überblick über die Anzahl der Schüler, die am Informatikunterricht in den jeweiligen Bundesländern teilnehmen, ca. 10 % in den Bundesländern: Baden-Württemberg, Bremen, Niedersachsen, Rheinland-Pfalz und Saarland - und er gibt Hinweise auf Rechnerausstattung der Gymnasien und vorwiegend verwendete Programmiersprachen (BASIC und PASCAL).

1.2 Allgemeine Zielsetzungen des Informatikunterrichts

Wesentliche Elemente der 1976 veröffentlichten Empfehlungen der Gesellschaft für Informatik (GI) wurden bei der Gestaltung der Informatik-Lehrpläne berücksichtigt (vgl. Burkert: 1984). Die von einem Unterausschuß der GI unter Mitwirkung von Brauer, Claus (1976) u.a. erarbeiteten Empfehlungen setzen Ziele für den Informatikunterricht:

1. Algorithmische Lösungen von Problemen systematisch zu finden.
2. Algorithmische Problemlösungen als Programm zu formulieren.
3. Erlerntes durch Anwendung auf praxisorientierte Probleme zu vertiefen.

4. Auswirkungen der Datenverarbeitung auf die Gesellschaft erkennen zu lassen.

5. Erlerntes durch Erarbeitung von theoretischen oder technischen Grundlagen der Informatik möglicherweise zu vertiefen.

In den Empfehlungen wird die Realisierung der Ziele im Unterricht durch bestimmte Inhalte gefordert. Beck (1980) gibt Literaturhinweise, in denen für die Ziele 1 - 3 präzise Vorstellungen entwickelt werden, und identifiziert vier charakteristische Merkmale:

"I. Der zukünftige Informatikkurs ist anwendungsorientiert, behandelt auch nichtnumerische Probleme und besitzt eine starke ingenieurmäßige Komponente.

II. Die zu bearbeitenden Problemsituationen reichen bis zu einer unüberschaubaren Komplexität.

III. Die Probleme sollen vor allem in Gruppenarbeit bearbeitet werden und erfordern diese sogar wegen der Komplexität der Probleme. Sinnvoll kann dies oft nur in einem Projektunterricht geschehen.

IV. Als Problemlösemethode wird das strukturierte Programmieren verfolgt: Das Ausgangsproblem wird schrittweise verfeinert durch Zerlegung in immer kleinere Teilprobleme ("top-down") und so einer Lösung und Bearbeitung durch den Computer zugeführt." (Beck: 1980, S. 189).

Beck weist auf die außerordentliche Bedeutung des Punktes IV hin, weil damit die Ansicht begründet wird, daß Informatik eine Lehre von Methoden ist, derer sich viele andere Disziplinen bedienen können. Gorny vertritt die Ansicht,

"daß durch den Umgang mit Informationstechnik und das Studium ihrer Methodik die Kompetenz im systematischen Umgang mit Informationen didaktisch einleuchtender und leichter vermittelt werden kann als durch andere Fächer. (...) Weil die Wirkungen unterschiedlicher Methoden der Abstraktion der Modellbildung, des Problemlösens und der Algorithmisierung mit Hilfe von IT[1] sofort und unmittelbar erfahrbar sind, kann sie dann auch die Curricula fast aller anderer Schulfächer sinnvoll und didaktisch verantwortbar befruchten" (Gorny: 1984, S. 72).

In Anlehnung an Schulz-Zander (1978) untersucht Burkert (1984) die *Lehrpläne* der Bundesländer nach der folgenden Charakterisierung:

- Vermittlung von rechnerbezogenen Qualifikationen

- Vermittlung von algorithmenbezogenen Qualifikationen

- Vermittlung von anwendungsbezogenen Qualifikationen.

1) IT: Informationstechnologie (Anm. d. Verf.)

In allen Lehrplänen der Bundesländer wird die Vermittlung *algorithmenbezogener* Qualifikationen verbindlich gefordert. Die Vermittlung *rechnerbezogener* Qualifikationen ist Pflicht in den Bundesländern Baden-Württemberg, Berlin, Hamburg, Nordrhein-Westfalen, Rheinland-Pfalz, Saarland und Schleswig-Holstein. *Anwendungsbezogene* Qualifikationen werden verbindlich in Berlin, Hamburg, Hessen, Rheinland-Pfalz, Saarland und Schleswig-Holstein gefordert.

Ein Vergleich mit den von der GI geforderten fünf Zielsetzungen zeigt, daß die Punkte 1 - 4 im wesentlichen in den Lehrplänen der Bundesländer enthalten sind, wenn man dabei berücksichtigt, daß Punkt 4: - gesellschaftliche Bedeutung der Datenverarbeitung - in der Untersuchung von Burkert zum anwendungsbezogenen Bereich hinzugenommen wurde. Punkt 5: - Erarbeiten von theoretischen oder technischen Grundlagen der Informatik - wird in den Lehrplänen nicht als zu vermittelnde Qualifikation gefordert.

Die Lerninhalte des Faches Informatik in der gymnasialen Oberstufe - der Lehrplan Nordrhein-Westfalen (1981) wurde als stellvertretendes Beispiel gewählt - sind aufgegliedert in die Lernbereiche:

- Algorithmik

- Daten und Datenstrukturen

- Hard- und Softwaresysteme

- Realisierung, Probleme und Auswirkungen der praktischen Datenverarbeitung.

Für den Informatikunterricht werden dort folgende allgemeine fachbezogene Lernziele genannt:

- Kenntnisse wesentlicher Sachverhalte und der zu ihrer Beschreibung und Erklärung dienenden Begriffsysteme, Hypothesen, Modelle und Theorien: Algorithmen und Daten, Sprachkonstrukte zu deren Beschreibung, Problemlöseprinzipien, Standardalgorithmen, Prinzipien digitaler Datenverarbeitung, problemorientierte Programmiersprache, rechnerspezifische Systembefehle.

- Anwenden fächerspezifischer Methoden als Mittel der Wirklichkeitserfassung und -gestaltung: Erkennen von Algorithmen- und Datenstrukturen, Lösungsansätze auffinden und Lösungswege auswählen, Darstellung und Entwicklung von Algorithmen, Umsetzen von Algorithmen und deren Dokumentation erproben und realisieren von Algorithmen auf Rechnern, komplexe Problemzusammenhänge auf ein Modell zu reduzieren und das Problem im Modell lösen,

- Tragweite und Gültigkeitsgrenzen spezifischer Erkenntnismethoden ermessen und gemeinsame Strukturen der Fächer desselben Aufgabenfeldes erkennen: Anwendungsbereiche, Grenzen, Zuverlässigkeit und Leistungsfähigkeit algorithmischer Methoden, Interpretation von Modellösungen in die Realität und deren Gültigkeit, fächerverbindende Zusammenhänge.

- Fähigkeit zu rationaler Kommunikation mit anderen auf Grundlage der gewonnenen Kenntnisse: Einschätzung der Entwicklungstendenzen der Datenverarbeitung, Auswirkungen, Schutz von Daten vor Mißbrauch, Kommunikationsbereitschaft.

Für die Lernorganisation werden in den Richtlinien NRW aktives Lernen, Methodenreflexion und wissenschaftstheoretische Orientierung gefordert.

Die Bedeutung der in der Informatik verwendeten Arbeitsmethoden für die Unterrichtsgestaltung wird auch in den niedersächsischen Rahmenrichtlinien für das Fach Informatik in der gymnasialen Oberstufe (1983) deutlich:

> "So werden Problemlösungsmethoden vermittelt, die zugleich
> den Unterrichtsablauf gestalten können. Zu den wichtigsten
> zählen:
> - top-down-Methode (vom Allgemeinen zum Besonderen)
> - bottom-up-Methode (vom Besonderen zum Allgemeinen)"
> (S. 22).

Die top-down-Methode besitzt, laut Rahmenrichtlinien, den Vorteil, daß Lösungswege - unabhängig von den Eigenschaften der Rechenanlage - vom Problem her zu finden sind.

In einem Legitimationsversuch für das Schulfach Informatik behaupten Brenner und Gunzenhäuser (1982):

> "Unbestreitbar ist, daß gerade der Informatik-Unterricht ei-
> nen durch kein anderes Fach ersetzbaren Beitrag zu den Bil-
> dungszielen 2 und 5 zu leisten vermag." (S. 15)

Mit den Bildungszielen 2 und 5 ist gemeint:

> "2. Verstehen bedeutender Vorgänge und Sachverhalte in der
> modernen Welt, d.h. das Erreichen einer Art von 'Weltver-
> ständnis'. (...)
> 5. Vorbereitung auf eine Berufstätigkeit mit besonderer Be-
> rücksichtigung der Förderung wissenschaftlicher und techno-
> logischer Intelligenz" (S. 14).

Heyderhoff (1984) nennt - in Anlehnung an Brenner und Gunzenhäuser (1982) - folgende Bildungsziele für das Schulfach Informatik:

- Entwicklung und Förderung individueller Anlagen und Fähigkeiten,

- Weltverständnis durch Verstehen bedeutender Zusammenhänge,

- Förderung von Selbständigkeit und der Bereitschaft zur Mitbestimmung und Mitverantwortung in sozialer Kompetenz

- Entwicklung und Förderung von Kommunikationsbereitschaft und Kooperationsfähigkeit,

- Berufsvorbereitung durch Förderung fachlicher Kompetenz.

Weiter heißt es:

"Der Informatikunterricht kann in besonderem Maße zu diesen Zielen beitragen und dem Schüler eine zukunftsweisende Orientierung und ein tragfähiges Fundament beruflicher Ausbildung mitgeben." (Heyderhoff: S. 64)

Laut Heyderhoff werden durch den Informatikunterricht

"ordnendes Denken und Organisieren,
sprachlich präzises Denken, Formulieren und dokumentieren,
schöpferisch-modellierendes Denken und Problemlösen,
konstruktives Denken orientiert an Verfahren und Transformationen,
strukturelles Denken und Analysieren komplexer Zusammenhänge,
Selbstkontrolle in konstruktiv-kritischer Haltung." (Heyderhoff, S. 64)

stark gefördert.

Für Becker (1986) ist Programmierung als Unterrichtsgegenstand ein überholter Ansatz, und Computer werden als Unterrichtshilfsmittel anders verwendet als vor zehn Jahren. Er fordert für den gegenwärtigen und zukünftigen Informatikunterricht die "Schulung komplexer Problemlösefähigkeiten" (S. 283).

2 Informatikunterricht als Herausforderung an den Mathematikunterricht?

Als Reaktion auf die Einführung des Schulfaches Informatik in der Sekundarstufe II und als Reaktion auf die Forderung der Schule, bei der Vermittlung grundlegender Qualifikationen für die Datenverarbeitung mitzuwirken, wurde von Seiten der Gesellschaft für Didaktik der Mathematik (GDM) eine Stellungnahme zur *Einbeziehung von Inhalten und Methoden der Informatik in den Mathematikunterricht* (1981) verfaßt. Dort werden Vorschläge für das Schulfach Mathematik vorgestellt, informatorische Methoden als Lerninhalte in die Schulmathematik aufzunehmen. Als geeignete Stoffgebiete werden unter anderem genannt:

- numerische Verfahren und
- Modellbildung an Problemen anderer Fächer und des täglichen Lebens.

Als wünschenswerte Qualifikation für den in der Sekundarstufe I tätigen Mathematiklehrer wird dort folgendes genannt:

- Fähigkeit, *Schulmathematik unter algorithmischen Gesichtspunkten* für eine unterrichtliche Behandlung aufzubereiten,

- Kenntnisse und Fähigkeiten in der *Algorithmik*, vor allem als mathematische/mathematisierende Methode,

- Kenntnisse und Fähigkeiten in mindestens einer höheren *Programmiersprache*.

Die Weiterentwicklung in Informatik und Computertechnik, die

"erregt geführte Diskussion über Nutzen und Gefahren schulischen und außerschulischen Computergebrauchs und besonders die einschlägigen Initiativen und Entscheidungen im bildungspolitischen Bereich" (GDM: 1986, S. 107)

waren Anlaß für *Überlegungen und Vorschläge zur Problematik Computer und Unterricht*. In dieser Stellungnahme der GDM (1986) wird vor einer zu raschen Festschreibung der informationstechnischen Bildung in der Sekundarstufe I gewarnt und auf die Notwendigkeit einer langfristigen Perspektive für den Unterricht hingewiesen.

"Relativ unbestritten ist der Wert des Computers als entlastendes und weiterführendes Instrument bei der Bewältigung numerischer Probleme. Durch seine numerischen und graphischen Möglichkeiten unterstützt der Computer auch das Bemühen um eine vertiefte Anwendungsorientierung.

Weitgehend ungeklärt ist jedoch, welche Auswirkungen ein ausgedehnter Computereinsatz auf die Auswahl und Akzentuierung von Ideen, Begriffsbildungen und Prozeduren des gesamten Curriculums der S I (und auch der S II) haben wird; speziell ist derzeit noch unbekannt, was es bedeuten würde, wenn das Trainieren rechnerischer Fertigkeiten (mündliches/schriftliches Zahlenrechnen, Bruchrechnen, Termumformungen) reduziert werden würde. Es gibt eine Fülle von Unterrichtsvorschlägen, jedoch einen Mangel an theoretischer Einordnung und kontrollierten schulpraktischen Erprobungen" (GDM: 1986, S. 108).

Unter Berücksichtigung des Rahmenkonzeptes für die informationstechnische Bildung in Schule und Ausbildung der Bund-Länder-Kommission (1984) gibt der Verein zur Förderung des mathematischen und naturwissenschaftlichen Unterrichts

(MNU) *Empfehlungen zur Gestaltung von Lehrplänen für die informationstechnische Bildung in der Sekundarstufe I bzw. II und für den Computer-Einsatz* im Mathematikunterricht der Sekundarstufe II (1986). Darin wird unter anderem für die Sekundarstufe I empfohlen, die vertiefende informationstechnische Bildung im fakultativen Bereich oder im Wahlpflichtbereich einzuordnen, als Wahlangebot für besonders interessierte Schüler.

> "Sie richtet sich gerade auch an jene Schülerinnen und Schüler, die nach der Sekundarstufe I die allgemeinbildende Schule verlassen." (MNU: 1986, S. 107)

Als Empfehlungen für den Computereinsatz im Mathematikunterricht der Sekundarstufe II werden unter anderem genannt:

- schwerpunktmäßig den Computer als Arbeitsmittel einzusetzen,

- verstärkt die Computergraphik zu nutzen und

- experimentelles Arbeiten in den Mathematikunterricht einzubeziehen.

Konkretisiert werden sollen diese Forderungen unter anderem an folgenden Lerninhalten aus der numerischen Mathematik:

· Berechnung von Nullstellen und Integralen,

· numerische Lösung einfacher Differentialgleichungen,

· graphische Darstellung der Taylorpolynome zur Veranschaulichung der Approximation,

· Lösung linearer Gleichungssysteme mit dem Gaußschen Algorithmus (Konditionierungsprobleme).

Als ergänzende Beispiele für den Computereinsatz werden aus der numerischen Mathematik genannt:

· Approximationsfragen (Splines).

Ausdrücklich wird betont:

> "Derzeitige Überlegungen zum Computer-Einsatz im Mathematikunterricht heben häufig vor allem hervor, daß dabei das Algorithmieren und die immer schon wesentliche algorithmische Seite der Mathematik stärker betont werden sollte. So wichtig dieser Aspekt auch ist, der insbesondere wesentliche Verbindungen zu Anliegen der Informatik repräsentiert, so wenig darf man doch diesen Gesichtspunkt einseitig als die zentrale Auswirkung des Computers auf die Schulmathematik herausstellen." (MNU: 1986, S. 108)

Aufschluß über mögliche Anteile aus der numerischen Mathematik im Informatikunterricht in der Sekundarstufe II gibt ein Beitrag von Stein (1987). In einer
vergleichenden Untersuchung von 13 verschiedenen Schulbüchern zur Informatik
in der gymnasialen Oberstufe (erschienen im Zeitraum 1982 - 1987) gibt Stein
eine Übersicht über die Anteile der verschiedenen Teilgebiete der Informatik am
jeweiligen Schulbuchwerk. Hierbei unterscheidet er folgende Gliederungspunkte:

Algorithmik; Daten und Datenstrukturen; Hard- und Softwaresysteme; Realisierung; Probleme und Auswirkungen der praktischen
Datenverarbeitung.

Als *ein* zusätzlicher *thematischer Schwerpunkt* werden in dem Überblick die
Anteile angegeben, in denen Inhalte aus der numerischen Mathematik berück-
sichtigt werden; im einzelnen sind dies folgende Schulbuchwerke (Angabe der
Anteile des behandelten Gebietes am Gesamtumfang des Schulbuchs):

- Dreisow, J.: Informatik Grundkurs (1985); 8 %

- Flensberg, K.; Zeising, I: Praktische Informatik (1982); 7 %

- Haass, W.-D.: Informatik. Vom Problem zum Algorithmus (1986);
  8 %

- Hui, E.; Bestmann, U.: Informatik für Gymnasien (1986); 24 %

- Klingen, L. u.a.: Informatik (1982); 21 %

- Ocker, S. u.a.: Informatik. Algorithmen und ihre Programmierung
  (1986); 2 %.

Diese Übersicht läßt vermuten, daß gemeinsame Inhalte für den Informatikunterricht und Mathematikunterricht aus dem Bereich der numerischen Mathematik
sind. Die Bücher von Flensberg und Zeising (1982) und Klingen u.a. (1982) sind
Bücher in unveränderter Auflage. Das Vorwort zur 1. Auflage von Flensberg und
Zeising (1982) ist auf 1973 datiert. Die Erstauflage des Buches von Klingen u.a.
stammt von 1975. Inzwischen hat das Fach Informatik

"als Forschungsdisziplin und in seinen Anwendungen in In-
dustrie und Wirtschaft in den letzten Jahren große Veränderungen erfahren." (Stein: 1987, S. 183)

Die Untersuchung der Mathematik-Schulbücher für die Oberstufe zeigt, daß die
Verfügbarkeit von Computern in den Lehrwerken sehr wenig berücksichtigt wird
(vgl. 4.4). Inhaltliche Ansätze und Vorstellungen, den *Computer innerhalb der
Schulmathematik einzusetzen,* werden in dem Band: Computer in der Schule
(Hrsg.: Graf: 1985) vorgestellt.

"Ein Aspekt wird in den Beiträgen durchgehend deutlich: Einige Zielsetzungen, die von anderer Seite vor allem für ein Schulfach Informatik herausgestellt werden, sind eigentlich längst oder wieder Anliegen des Mathematikunterrichts. 'Algorithmisches Vorgehen' bei Problemlösungen ist ein bewährtes mathematisches Verfahren. Hinter der bei jedem konkreten Problem erforderlichen Analyse steht eigentlich stets zunächst der Prozeß der Mathematisierung, der gegebenenfalls zur 'Informatisierung' fortgesetzt wird, wenn auf die speziellen Eigenschaften der einzusetzenden Maschinen Rücksicht genommen werden muß (z.B. Sprache, Datenstruktur)." (Graf, S. 3)

Sehr kurze, skizzenhafte, zum Teil tabellarische Vorschläge für den Computereinsatz im Analysisunterricht machen Baumann und Klingen:

Baumann (in Graf: 1985, S. 97f) wirft dem gegenwärtigen Analysisunterricht vor:
- Sinnfragen auszuklammern,
- ein aufwendiges System von Begriffen und Sätzen zu konservieren und
- vor den "einfachsten Problemen der realen Welt" (S. 98) zu kapitulieren.

Als Ausweg sieht er zwei Möglichkeiten:
- Zurück zu den Anfängen der Analysis
- Vorwärts in das Computer-Zeitalter.

Er schlägt vor "alle praktisch vorkommende Aufgaben (...) mit Computern, also diskret" (S. 98) zu lösen.

· *Klingen* (in: Graf: 1985, S. 86f) beschreibt mit Stichworten einen algorithmischen Strang in der Sekundarstufe II.

Die beiden folgenden Beiträge von Winkelmann (1984) und Blum (1986) beinhalten keine inhaltlichen konkreten Vorschläge, mit denen veränderte Zielsetzungen für den Analysisunterricht erreicht werden oder eine curriculare Umschichtung im Analysisunterricht erfolgen sollen.

· *Winkelmann* (1984) sieht eine Veränderung von Zielsetzungen des Analysisunterrichts im Computerzeitalter; er stellt fest:
- "Schule hatte (und hat noch immer) eine Tendenz, Schüler zu funktionierenden 'Computern' auszubilden" (S. 218).
- Auch im Analysisunterricht der gymnasialen Oberstufe findet sich diese Tendenz.
- Wichtiger für die Verwendung von Analysis ist der Umgang mit Differentialgleichungen als der Erwerb der Begriffe Grenzwert, Ableitung und Integral.
- "Für den verständigen Umgang mit Differentialgleichungen bietet demnächst auf Heimcomputern verfügbare Software wesentliche Hilfe an." (S. 219)
- In einem umorientierten Mathematikunterricht lassen sich die veränderten Qualifikationen schulisch vermitteln.

Etwas realistischer fordert *Blum* (1986) den Computer
- als Rechenhilfsmittel
- als Zeichenhilfsmittel
- als methodisches Hilfsmittel
im Analysisunterricht einzusetzen.

Er stellt fest, daß einige curriculare Umschichtungen im Analysisunterricht aufgrund der Bedeutung von Rechnern legitim und notwendig sind. Weiter

> "muß der Stellenwert von diskreten Begriffen und nume-
> rischen Verfahren relativiert werden. denn die 'kontinu-
> ierlichen' Inhalte sind weiterhin unersetzlich wichtig (...)
> zur theoretischen Absicherung von Näherungsverfahren"
> (Blum: 1986, S. 61 - 62).

Baumann, Blum, Graf und Winkelmann fordern veränderte Zielsetzungen für den Mathematikunterricht. Weiterhin besteht Einigkeit, den Computer innerhalb des Mathematikunterrichts in der Sekundarstufe II einzusetzen; dafür existieren:

- zahlreiche *konkrete Vorschläge* für Unterrichtseinheiten zu speziellen Themen aus der numerischen Mathematik,

- *skizzenhafte Beschreibungen von Lehrgängen* (z.B.: Klingen (1977/81); Klingen, Otto (1986)).

- *Sammlungen von Inhalten* aus der numerischen Mathematik unter dem Gesichtspunkt: Analysis/Lineare Algebra mit dem Computer (z.B. Lehmann (1983); Otto (1985)).

Bei den Vorschlägen und Überlegungen für den Mathematikunterricht fehlt:

· ein Hinweis auf mögliche Inhalte, an denen die veränderten Ziel-setzungen im Mathematikunterricht verwirklicht werden können (Blum; Winkelmann);

· eine Begründung der Inhalte hinsichtlich allgemeiner Lernziele (Baumann; Klingen; Lehmann; Otto);

· ein Herausarbeiten wichtiger fachwissenschaftlicher Methoden (Lehmann; Otto);

· eine Untersuchung zugrundeliegender Fachstrukturen und die Kennzeichnung von Leitbegriffen (Lehmann; Otto);

· eine angemessene Berücksichtigung des Gesamtbildes von Mathematik (theo-retische Mathematik, Mathematik und ihre Verwendung, Mathematik und Erfahrung).

Die aktuellen Diskussionen in den Interessenverbänden von Fachlehrern und Fachdidaktikern (Deutsche Mathematiker-Vereinigung, Gesellschaft für Didaktik der Mathematik, Gesellschaft für Informatik, Verein zur Förderung des mathematisch-naturwissenschaftlichen Unterrichts), die Untersuchung von Schulbüchern und fachdidaktischen Vorschlägen machen deutlich, daß auch im Informatikunterricht zu behandelnde Inhalte und Arbeitsmethoden umstritten sind, insgesamt ist jedoch festzuhalten, daß Informatik als Wahlfach bundesweit in der Sekundarstufe II eingeführt ist.

Über das gemeinsame Hilfsmittel Computer können in beiden Fächern Inhalte aus der numerischen Mathematik behandelt werden. Zu einseitig erfolgt dies in einem Mathematikunterricht, der hauptsächlich einen "algorithmischen Strang" (vgl. Vorschläge von: Engel (1977); Klingen (1977); Wolgast (1980)) berücksichtigt.

Als wichtigste *gemeinsame Ziele von Mathematikunterricht und Informatik* nennt Ziegenbalg (1983a) folgende methodologische Aspekte, unter denen die Verwendung von Computern im Mathematikunterricht diskutiert werden:

- Elementarisieren

- Experimentelles, operatives, "parametrisches" Lernen und Arbeiten

- Konstruktives Arbeiten

- Modulares Arbeiten als heuristische Technik.

3 Vergleich der allgemeinen fachbezogenen Lernziele und Methoden des Informatikunterrichts mit denen eines modifizierten Mathematikunterrichts

Der *modifizierte Mathematikunterricht* ist durch folgende Merkmale gekennzeichnet:

Dieser Mathematikunterricht vermittelt ein adäquateres Bild von Mathematik; in dem Unterricht werden Vorgehensweisen aus der angewandten Mathematik berücksichtigt. Das bedeutet, daß ein solcher Unterricht auch zentrale Mathematisierungsmuster und Leitbegriffe der numerischen Mathematik berücksichtigt. Die vermittelten Inhalte und Verfahren sind gekennzeichnet durch ihre Gebrauchsorientierung und Verwendbarkeit.

In diesem Unterricht wird eine heuristische Vorgehensweise (Mathematik als Tätigkeit) deutlich. Das Entstehen von Aussagen und Verfahren steht im Vordergrund des Unterrichts; die Vorgehensweise bei der Definition von Begriffen und dem Beweis von Sätzen erfolgt auf Ebenen unterschiedlicher Präzision.

Ein Vergleich von allgemeinen fachbezogenen Zielen des Informatikunterrichts (vgl. 5.1.2) mit denen eines modifizierten Mathematikunterrichts, in dem Aspekte numerischer Mathematik berücksichtigt werden, läßt folgendes deutlich werden:

1. *Allgemeine fachbezogene Lernziele* des Informatikunterrichts werden in einem modifizierten Mathematikunterricht mindestens in *gleicher Weise angesprochen:*

   - Für den Informatikunterricht wird in Richtlinien und Empfehlungen unter anderem gefordert: Befähigung, sich mit anderen auf Grundlage der gewonnenen Erkenntnisse rational auseinanderzusetzen (vgl. Richtlinien für die gymnasiale Oberstufe: Informatik, NRW: 1981); Förderung des sprachlich präzisen Denkens, Formulierens und Dokumentierens (Heyderhoff, 1984).

   Der Theorieaspekt und der Näherungsaspekt numerischer Mathematik bieten Schülern die Möglichkeit, rationale Argumentation zu üben. Die induktive Vorgehensweise bei der Verifikation numerischer Verfahren kann ebenso als Unterrichtsthema dienen wie die gestufte Darstellung von Lösungen durch Näherungsaussagen - eine Komponente des Näherungsaspekts.

   - Aufgabenstellungen, die mit Mitteln der numerischen Mathematik gelöst werden, erlauben die Auswahl problemhaltiger Ausgangssituationen und die Bereitstellung fruchtbaren Unterrichtsmaterials, an dem konstruktive und heuristische Vorgehensweisen zur Lösung des Problems deutlich werden. Beispielsweise beinhaltet der Anwendungsaspekt numerischer Mathematik den schöpferischen Prozeß der Modellbildung und gegebenenfalls eine weitere (heuristische) Präzisierung des Modells bei ungenügender Lösung.

   Die diesem Vorgehen entsprechende Zielsetzung lautet bei Heyderhoff (1984): Der Informatikunterricht fördert stark die Fähigkeit des schöpferisch-modellierenden Denkens und Problemlösens.

   - Weiter stellt Heyderhoff (1984) fest: Durch den Informatikunterricht wird die Fähigkeit des strukturellen Denkens und Analysierens komplexer Zusammenhänge stark gefördert. Ein modifizierter Mathematikunterricht, in dem der Kalkülaspekt und der algorithmische Aspekt geeignet berücksichtigt werden, ermöglicht den Schülern, formale Fertigkeiten zu erwerben.

2. Der im Lehrplan und in Empfehlungen für den Informatikunterricht gegebene Hinweis auf in der Informatik verwendete *fachspezifische Arbeitsmethoden* läßt

> "den Informatikunterricht prozeßorientiert erscheinen, (....). In Wirklichkeit nimmt jedoch das genetische Prinzip innerhalb der Mathematikdidaktik, mit seiner prozeßhaften Sicht des Unterrichtsgeschehens, einen bedeutenden Platz ein" (Beck: 1980, S. 193).

Die von Becker (1986) erhobene Forderung, komplexe Problemlösefähigkeiten im Informatikunterricht zu schulen, findet in einem modifizierten Mathematikunterricht ihr Gegenstück, in dem die heuristische Vorgehensweise im Unterricht thematisiert wird.

Allein die Arbeitsweise der Informatik (Gorny: 1984; Claus: 1977) scheint für Informatikunterricht an allgemeinbildenden Schulen zu sprechen:

> "Die deutsche Schule lehrt traditionell analytisches Denken, das Herauskristallisieren und Lernen von Regeln aus einer Flut von Beobachtungen aufgrund dieser Regeln. (...) Die Informatik liegt mit 'Standardalgorithmen' und 'Standarddaten-strukturen' und mit brauchbaren und weniger brauchbaren Lösungen für (nicht formal spezifizierte) Aufgaben verhält-nismäßig einfache Beispiele, anhand derer sich die Bewer-tungsverfahren konstruktiven, synthetischen Denkens erlernen lassen" (Goos: 1979).

Die Unterscheidung in brauchbare und weniger brauchbare Lösungen ist eine Komponente des Anwendungsaspektes numerischer Mathematik; bei nicht geeigne-ter Lösung ist das Modell zu spezifizieren und eine geeignete Lösung zu suchen.

Anwendungsorientierte Konzeptionen (vgl. Blum: 1985), in denen auch der Prozeß der Modellbildung berücksichtigt wird, und damit verbundene Vorschläge nach Projektunterricht sowie Behandlung komplexer Probleme liegen schon seit 1967 für den Mathematikunterricht vor (vgl. Beck: 1980, S. 193), so daß dieser Aspekt die Einrichtung eines eigenständigen Fachs Informatik in der Oberstufe einer *allgemeinbildenden* Schule nicht rechtfertigt.

3. Die Vermittlung von anwendungsbezogenen Qualifikationen (vgl. Burkert: 1984), die in einigen Informatik-Lehrplänen der Bundesländer gefordert wird, meint nicht einer Konzeption eines anwendungsorientierten Mathematikunterrichts entsprechendes (vgl. Beck: 1980, S. 191), sondern praxisorientiertes Problemlösen im Sinne von:

- Kenntnis der Anwendungsbereiche der DV,

- Kenntnis der DV-Organisation, Datensicherung und Datenschutz,

- Wissen um gesellschaftliche Auswirkungen der DV

- ggf auch die Simulation bzw. Steuerung von Prozessen.

Die Vermittlung anwendungsbezogener Qualifikationen durch den Informatikunter-richt entspricht eher dem in den Präambeln der Mathematiklehrpläne geforderten Gebrauchsaspekt von Mathematik (vgl. Pfahl: 1989). Insofern wird für den Informatikunterricht treffender von einer gebrauchsbezogenen Qualifikation gesprochen.

In der Vermittlung *gebrauchsbezogener Qualifikation unterscheiden* sich Informatikunterricht und "herkömmlicher" Mathematikunterricht beträchtlich: Die Untersuchung (vgl. Pfahl: 1989) von Lehrplänen zeigt, daß die Gebrauchsorientierung bestimmter im Mathematikunterricht vermittelter Verfahren ganz im Gegensatz zu ihrer tatsächlichen Verwendung steht. Dies *scheint* (vgl. Burkert: 1984) in den Informatik-Lehrplänen neueren Datums nicht der Fall zu sein.

Mit dem Gebrauchsaspekt numerischer Mathematik werden in einem modifizierten Mathematikunterricht Verfahren eingeführt, die tatsächlich verwendet werden können.

4. *Inhaltliche Gemeinsamkeiten* zwischen den beiden Unterrichtsfächern liegen hauptsächlich im Lernbereich *Algorithmik* mit der für den Mathematikunterricht schmerzlichen Folge:

> "Der Computer hat die Numerik, die sich mit dem Einzug der programmierbaren Taschenrechner gerade zu etablieren begann, aus dem Mathematikunterricht vertrieben (...). Der Grund liegt im Einzug des Schulfachs Informatik: Etwa 30 - 50 % der Schüler eines Mathematik LK belegen Informatik, beherrschen also schon eine höhere Programmiersprache. Die Folge: In *Mathematikkursen* kann das Programmieren numerischer Verfahren nicht mehr klausurrelevantes Thema sein" (Riemer: 1987).

Darüberhinaus sind jedoch die in einer schulischen Numerik verwendeten Algorithmen für den Informatikunterricht nicht von Interesse, weil die zugrundeliegenden Strukturen zu einfach sind.

Insofern ist es wichtig, diese in dem Mathematikunterricht nicht berücksichtigten Verfahren in einen Mathematik-Lehrplan zu integrieren.

5. Die von Beck (1980) prognostizierte starke *ingenieurmäßige Komponente* läßt sich für den Informatikunterricht nicht nachweisen; statt dessen scheint alles, was sich innerhalb des Rechners oder unterhalb der Tastatur verbirgt, für Schulbücher tabu zu sein (vgl. Siewert: 1984, S. 60).

Eine genauere Untersuchung (vgl. 5.2) unterstützt diese Aussage.

6. Eine Schwierigkeit, *Informatikunterricht an Schulen durchzuführen*, liegt an der geringen Zahl vorhandener ausgebildeter Informatiklehrer.

> "Aufgrund der zur Zeit existierenden Probleme bei Neueinstellungen von ausgebildeten Lehrkräften bzw. noch nicht vorhandenen ausgebildeten Informatiklehrern wird die Lehrerweiterbildung zur wichtigstem Möglichkeit, qualifizierte Lehrkräfte für das Fach Informatik einzusetzen." (GI: 1987, S. 7)

Da die meisten der für den gymnasialen Informatikunterricht geforderten allgemeinen Lernziele in einem modifizierten Mathematikunterricht verwirklicht werden können, müssen in Anbetracht der angeführten Probleme bei der Durchführung eines qualifizierten Informatikunterrichts solche *Inhalte auch in einen Mathematikunterricht integriert werden*, der zentrale Mathematisierungsmuster der numerischen Mathematik berücksichtigt.

Der Vergleich von allgemeinen Lernzielen des Informatikunterrichts mit denen eines modifizierten Mathematikunterrichts macht deutlich:

- Der häufige Hinweis auf fachspezifische Arbeitsmethoden der Informatik findet sein Gegenstück in der heuristischen Vorgehensweise eines modifizierten Mathematikunterrichts.

- Gebrauchsbezogene Qualifikationen scheinen in Informatiklehrplänen stärker berücksichtigt zu sein als in Mathematiklehrplänen. Kennzeichen eines modifizierten Mathematikunterrichts ist die Gebrauchsorientierung der verwendeten Verfahren.

- Inhaltliche Gemeinsamkeiten sind im Lernbereich "Algorithmik" auszumachen, was für den Mathematikunterricht die Gefahr birgt, daß dieser Themenbereich aus den Lehrplänen - und somit auch aus dem Unterricht - ausgegrenzt bleibt. Da Informatikkurse in der gymnasialen Oberstufe nicht in allen Bundesländern für die Abdeckung von Belegverpflichtungen im mathematisch-naturwissenschaftlichen Aufgabenfeld anerkannt werden und auch nicht in Teilen verbindlich in der Sekundarstufe II sind, ist der gesamte Themenbereich Algorithmik in der gymnasialen Oberstufe nicht verbindlich.

Insgesamt läßt der Vergleich der allgemeinen fachbezogenen Lernziele beider Unterrichtsfächer den Schluß zu, daß *die meisten der für den Informatikunterricht geforderten Bildungsziele* (Brenner und Gunzenhäuser: 1982; Heyderhoff: 1984) *ebenso durch einen modifizierten Mathematikunterricht abgedeckt werden* können. Das hat den Vorteil, daß zumindest eine bestimmte Anzahl von Mathematik-Grundkursen, entsprechend der Belegverpflichtung, für <u>sämtliche</u> Schüler verbindlich sind.

4 Literaturverzeichnis

ARLT, W.: Zum Stand der Informatik als Unterrichtsfach in der Bundesrepublik Deutschland, Log In 1 (1981), 1, S. 17 - 20

ARLT, W.; HAEFNER, K. (Hrsg.): Informatik als Herausforderung an Schule und Ausbildung, Berlin 1984

BAUMANN, R.: Analysis mittels Computer, in: Graf, K.D. (Hrsg.), S. 97 - 106, Stuttgart 1985

BECK, U.: Ziele des zukünftigen Informatikunterrichts sind Ziele des Mathematikunterrichts, JMD 1 (1980), 3, S. 189 - 197

BECKER, K.-H.: Informatikunterricht einmal anders gesehen, PM 28 (1986), 5, S. 281 - 288

BLUM, W.: Rechner im Analysisunterricht, BzMu 20 (1986), S. 58-62

BRAUER, W.; CLAUS, V. u.a.: Zielsetzungen und Inhalte des Informatikunterrichts, Empfehlungen der Gesellschaft für Informatik, ZDM 8 (1976), 1, S. 34 - 43

BRENNER, A.; GUNZENHÄUSER, R.: Informatik, Didaktische Materialien für Grund- und Leistungskurse, Stuttgart 1982

BUND-LÄNDER-KOMMISSION FÜR BILDUNGSPLANUNG UND FORSCHUNGS-FÖRDERUNG: Rahmenkonzept für die informationstechnische Bildung in Schule und Ausbildung (Empfehlung K 43/84 v. 07.12.1984), Bonn (Typoskript) 1984

BURKERT, J.: Zum Stand des Informatikunterrichts in der gymnasialen Oberstufe, in: Peschke, R.; Hullen, G.; Diemer, W. (Hrsg.), Anforderungen an neue Lerninhalte, Bd II, Wiesbaden 1984

CLAUS, V.: Informatik an der Schule: Begründungen und allgemeinbildender Kern, in: Bauersfeld, H.; Otte, M.; Steiner, H.G. (Hrsg.), S. 19 - 34, Bielefeld 1977

ENGEL, A.: Elementarmathematik vom algorithmischen Standpunkt, Stuttgart 1977

GESELLSCHAFT FÜR DIDAKTIK DER MATHEMATIK: Einbeziehung von Inhalten und Methoden der Informatik in den Mathematikunterricht der Sekundarstufe 1 und in die Hochschulausbildung von Mathematiklehrern, ZDM 13 (1981), S. 214 - 216

GESELLSCHAFT FÜR DIDAKTIK DER MATHEMATIK: Überlegungen und Vorschläge zur Problematik Computer und Unterricht, ZDM 18 (1986), 3, S. 107 - 108

GESELLSCHAFT FÜR INFORMATIK: Empfehlungen zur Lehrerbildung im Bereich der Informatik, Log In **7** (1987), 5/6, S. 2 - 11

GOOS, G.: Informatik an der Schule?, Informatik-Spektrum **2**, (1979), 1, S. 1 - 3

GORNY, P.: Informationstechnologie im Bildungswesen - Die internationale Entwicklung und die Übertragung von Ergebnissen auf die Bundesrepublik, in: Peschke, R.; Hullen, G.; Diemer, W. (Hrsg), Bd. 1, S. 70 - 78, Wiesbaden 1984

GRAF, K. D.: Informatik- als Herausforderung an den Mathematikunterricht und umgekehrt, in: Arlt, W.; Haefner, K. (Hrsg.), S. 223 - 227, Berlin 1984

GRAF, K. D. (Hrsg): Computer in der Schule: Perspektiven für den Mathematikunterricht, Stuttgart 1985

HEYDERHOFF, P.: Didaktik der Schulinformatik, in: Arlt, W.; Haefner, K. (Hrsg), Informatik als Herausforderung..., S. 64 - 72, Berlin 1984

KLAFKI, W.: Die bildungstheoretische Didaktik, Westermanns Pädagogische Beiträge 1/80, S. 32 - 37

KLINGEN, L.: Zusammenhang und Reichweite modularer Algorithmen in der Schulmathematik, in: Bauersfeld, H., Otte, M.; Steiner, H.G. (Hrsg.), S. 3-34, Bielefeld 1977/81

KLINGEN, L.: Der algorithmische Strang im gymnasialen Mathematikunterricht, in: Graf, K. D. (Hrsg.), Stuttgart 1985

KLINGEN, L.; OTTO, A.: Computereinsatz im Unterricht, Der pädagogische Hintergrund, Stuttgart 1986

KULTUSMINISTER DES LANDES NORDRHEIN-WESTFALEN (Hrsg.): Richtlinien für die gymnasiale Oberstufe Informatik, Köln 1981

LEHMANN, E.: Lineare Algebra mit dem Computer, Stuttgart 1983

NIEDERSÄCHSISCHER KULTUSMINISTER (Hrsg.): Rahmenrichtlinien für das Gymnasium: Informatik, gymnasiale Oberstufe, Hannover 1983

OTTO, A.: Analysis mit dem Computer, Stuttgart 1985

PFAHL, M.: Numerische Mathematik in der gymnasialen Oberstufe - Möglichkeiten zur Reform bestehender Curricula, Dissertation, Oldenburg 1989

RIEMER, W.: Mathematik, Informatik, Neue Technologien - eine Standortbestimmung im Spannungsfeld zwischen Inhalt, Ziel und Alltagspraxis, MNU **40** (1987), 3, S. 171 - 176

SCHULZ-ZANDER, P.: Analyse curricularer Ansätze für das Schulfach Informatik, in: Arlt (Hrsg): EDV-Einsatz in Schule und Ausbildung - Modelle und Erfahrungen DV im Bildungswesen, Bd 1, München-Wien 1978

STEIN, M.: Analyse von Schulbüchern zur Informatik in der gymnasialen Oberstufe, ZDM **19** (1987), 5, S. 175-183

VEREIN ZUR FÖRDERUNG DES MATHEMATISCHEN UND NATURWISSENSCHAFTLICHEN UNTERRICHTS e.V.: Empfehlungen und Überlegungen zur Gestaltung von Lehrplänen für den Computer-Einsatz im Unterricht der allgemeinbildenden Schulen, MNU **38** (1985), 4, S. 229 - 236

WINKELMANN, B.: Veränderungen von Zielsetzungen des Analysisunterrichts im Computerzeitalter, in: Arlt, W.; Haefner, K. (Hrsg.), S. 217 - 221, Berlin 1984

WOLGAST, H.: Mathematik und Informatik - Zur Anwendung von Computern im Unterricht, MNU **33** (1980), 8, S. 450 - 454

ZIEGENBALG, J.: Informatik und allgemeine Ziele des Mathematikunterrichts, ZDM **15** (1983a), 5, S. 215 - 220

Gliederung:

Informatikunterricht im Vergleich mit einem modifizierten Mathematikunterricht

1. Entwicklung und Ziele des Informatikunterrichts

1.1 Stand und Entwicklung der Informatik als Unterrichtsfach in der Sekundarstufe II allgemeinbildender Schulen

1.2 Allgemeine Zielsetzungen des Informatikunterrichts

2. Informatikunterricht als Herausforderung an den Mathematikunterricht?

3. Vergleich der allgemeinen fachbezogenen Lernziele und Methoden des
Informatikunterrichts mit denen eines modifizierten Mathematikunterrichts

4. Literatur

Dr. M. Pfahl
Tannenweg 8
2907 Grossenkneten 1

Struktografik oder eine Methode hat sich zu bewähren

von Wilhelm Krücken, Mercator-Gymnasium Duisburg, und anderen

0.1 Methodische Vorschläge haben es oft an sich, im vereinzelten eigenen Unterricht oder gar nur am Schreibtisch entwickelt worden zu sein, um dann dennoch ohne Prüfung in breiten Feldversuchen mit dem Prädikat "empfehlenswert" weitergegeben zu werden: er selbst hat es gesagt! Für lokale Erörterungen in einem didaktisch aufbereiteten Feld mag das auch (noch) als sinnvoll angesehen werden. Wenn aber die Wissenschaft Lösungen anbietet, die sich als "nicht bis wenig geeignet" über Jahrzehnte des Versuchs der Vermittlung der betreffenden Methoden herausstellen, dann ist – in didaktisch-methodischer Absicht zumindest – das Feld nicht nur offen, sondern auch reif für weitere Vorschläge; und gerade Methoden sollten in aller Offenheit auf ihre unterrichtliche Verwendbarkeit hin erst geprüft werden, bevor sie das OnDit "brauchbar (für ...)" verdienen, unbeschadet der Regel: semper idem, sed aliter. Methodische Vorschläge sollten daher stets daraufhin überprüft werden, ob sie

a) tatsächlich das Versprochene stets leisten, wenn auch je anders,
b) tatsächlich nicht von besonderen Umständen (verborgenen Parametern) abhängig sind (oder bleiben) und
c) tatsächlich allgemein sind.

0.2 Die Methode selbst ist inzwischen weiter analysiert und relationentheoretisch weiterentwickelt worden; sie hat dabei auch auf parallele Prozesse (**OC-CAM**, **PETRI**-Netze, Netzwerke) Anwendung gefunden. Daß ihr Modulkonzept unter anderem die immer stärker favorisierte Methode der objektorientierten Programmierung in fast selbstverständlicher Weise grafisch unterstützt, hat sich als weiterer Vorteil herausgestellt.

0.3 Über den Einsatz der Struktografik bei der Analyse von Problemlösungsprozessen, an denen vornehmlich die Kognitionswissenschaft interessiert ist, ist zum ersten Mal dem Forschungsschwerpunkt "Genese und Prozesse der Mathematisierung" der Universität/Gesamthochschule Duisburg im Februar 1989 vorgetragen worden (Dritte Mitteilung). Einen eigenen Ansatz mag der Leser versuchen, der die Struktografen *DENKSTILE* (Progammierstile) in den ***ABB.2.1/5, 3.1/3,3.5*** miteinander vergleicht.

0.4 Um die folgenden Darstellungen unabhängig von der bisherigen Literatur zu machen, seien die Elemente der Struktografik in der hier erforderlichen Kürze erinnert:

Pluritas non est ponenda sine necessitate.
Wilhelm von Ockham, 14.Jh.

0.4.1 Alle struktografischen Konstrukte werden mit Hilfe von gerichteten und ungerichteten (eventuell bewerteten) Strecken dargestellt:

$$| \;, \; — \; ; | \;, \; —\!\!> \; .$$
$$\vdash \;, \; \top \quad \text{verketten beide Richtungen} \;.$$

0.4.2 **Aktionen A** sind Aktivitäten irgendwelcher Art, die von wenigstens einem **Prozessor** ausgeführt werden können. ø sei die **leere Aktion**. Aktionen werden auch **Prozesse** genannt, da sie prinzipiell nach dem IPO-Prinzip arbeiten und in der Lage sein sollen, mit einander zu kommunizieren.

0.4.3 Jedem Objekt ist ein Typ **Tobj** (und die Klasse seiner Werte) zugeordnet: **OBJ:Tobj.** Boolesche Konstanten sind **t**(rue) und **f**(alse).

0.4.4 Struktografisch-kennzeichnend werden (z.Z.) ausschließlich die folgenden Ausdrücke benutzt:

    WHILE, UNTIL, FOR, {EXIT,} DONE, DECL, [PAR, ALT]

0.4.5 Aus didaktischen Gründen notieren wir - falls erforderlich - mit **(v):T** die lokale, mit **[v]:T** die globale Einführung einer Variablen **v** im Verlaufe eines Entwurfs, da dem Lernenden erst im Fortschreiten des Entwurfs die erforderlichen Vorstellungen erwachsen.

0.4.6 Die Aktion A, die unter der Bedingung t ausgeführt wird, identifizieren wir mit A selbst: $-^t-$ A ≡ ^{t}A ≡ ── A ≡ ├ A ≡ A .

0.4.7 Sind A und B Aktionen, so ikonisieren

  ├ A ── B ≡ ├ A ≡ ├├── A   die **Sequenz (SEQ)** A;B ≡ 'A,danach B'.
            ├ B   ├── B   Es gelte ø;A ≡ A, B;ø ≡ B.

0.4.8 Selektionen (SEL) ªA|B ≡ 'Falls a, so A, sonst B' ikonisieren wir wie folgt:

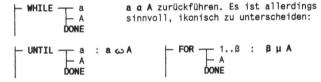

      Falls B = ø (B ist die **leere Aktion**), schreiben wir:

          a
       ├── A .

Letzteres ersetzt beispielsweise das **OCCAM**-Konstrukt
  TRUE
    SKIP , da **OCCAM** nur zweiseitige Selektionen kennt.

0.4.9 Alle Formen der **Repetition (Replikation,REP)** lassen sich auf

  ├ **WHILE** ─┬─ a   **a α A** zurückführen. Es ist allerdings
          ├─ A   sinnvoll, ikonisch zu unterscheiden:
          DONE

  ├ **UNTIL** ─┬─ a : **a ω A**   ├─ **FOR** ─┬─ 1..β : **β μ A**
          ├─ A   ├─ A
          DONE   **DONE**

0.4.10 Über **PARALLELITÄT (PAR)** (;;) und **ALTERNATIVE (ALT)** (||) hier nur soviel:

ε ist eine boolesch-bewertete Einlesefunktion, die Kommunikationskanäle überwacht.

0.4.11 Funktionen und Prozeduren sind wie Module Elemente operationaler Abstraktionen. Unter objektorientierten Gesichtspunkten stellen sie die Methoden der Objekte (Procs) dar:

    OBJEKTE   ≡ [Obs,Procs],
    VERERBUNG   ≡ [abstrakte OBJ],
    POLYMORPHIE ≡ [virtuelle Procs].

```
| INTERFACE: IMPORTSTRUKTUR          |
|                                    |
| M |  DECL<lokal,global>:            |
| O |  OBJ          : o:T_o           |
| D |  Datenstrukturen: d:T_d         |
| U |  Prozeduren    : p:T_p          |
| L |  Funktionen    : f:T_f          |
|                                    |
| INTERFACE: EXPORTSTRUKTUR          |
```

_0.4.12_ Eine Struktografik ist ein vollständig (Prozeß-) beblätterter Baum mit Erreichbarkeitsstruktur. Die Ersetzung eines Blattes durch einen nach diesen Regeln aufgebauten (Teil-) Baum zerstört diese Eigenschaft nicht.

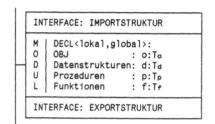

$$A \; ; \; B \; ; \; {}^cC \mid D$$

$$B = {}^\bullet E \mid ({}^fF \; ; \; G)$$

$$A \; ; \; ({}^\bullet E \mid ({}^fF \; ; \; G)) \; ; \; {}^cC \mid D$$

_0.4.13_ Jede Struktografik wird nach der _Rechts-vor-Unten-Baumregel_ abgearbeitet.

Wilhelm Krücken, Zeppenheimer Straße 9, 4000 Düsseldorf 31

Struktografik in der Erwachsenenbildung

---

von Jürgen Schmitz und Uwe Sieverding aus Geldern

1.1 Das Kurs-Baukastensystem "VHS-Praktikum Mikrocomputer"

Während die durch den Computer ausgelöste Faszination und zunehmende finanzielle Erreichbarkeit eigener Anlagen zuerst einen VHS-Teilnehmerkreis schuf, der zum Angebot von Programmierkursen führte, hat sich in den letzten Jahren die Zielgruppe stark verändert.
Sprachen werden entweder in den Schulen angeboten, über Literatur erlernt oder als Spezialkurse einiger großer Volkshochschulen angeboten. Aber die Mehrzahl der Teilnehmer an VHS-Kursen wird nie einen Rechner selbst programmieren. Die Teilnehmer haben entweder ein starkes berufliches Interesse (Computer am Arbeitsplatz) oder sie wollen einfach ein EDV-Grundwissen erwerben, "um mitreden zu können".

Das Baukastensystem der VHS ist eine Antwort auf diese geänderte Teilnehmer-
zusammensetzung. Es.soll ein breites, praxisnahes Grundwissen rund um den Mikrocomputer (PC) vermitteln. Neben der Befähigung, sich selbständig weiter im
Umgang mit dem Computer zu fördern und nach Kriterien den sinnvollen Einsatz
von Computern sachlich-kritisch einschätzen zu können, beinhaltet das Kurssy-
stem auch den Einstieg ins Programmieren. Gerade hierbei können die Funkti-
onsweise und die Struktur eines Programms (zur Lösung eines Problems) ein-
sichtig werden.
Die nachfolgende Beschreibung der Gründe für den Einsatz der Struktografik
stützt sich auf die Tatsache, daß die Dozenten der VHS-Gelderland das Baukastensystem seit 1985 übernommen haben.

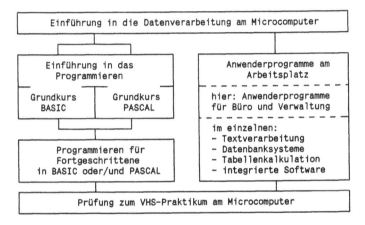

ABB.1.1 *VHS-Baukastensystem EDV*

1.2 Adressatenkreis

Zum Adressatenkreis gehören Hörer und Hörerinnen der Volkshochschule Gelder-
land in den Baukastenkursen:

> Einführung in die Datenverarbeitung am Microcomputer
> Grundkurs Basic
> Grundkurs Pascal
> Anwenderprogramme in Büro und Verwaltung

Die Teilnehmer der Kurse sind zwischen 16 und 60 Jahre alt. Es überwiegt die
Altersklasse der 20- bis 40jährigen. Entsprechend der Ausschreibung der Kurse
variieren Altersstruktur und Verteilung der Geschlechter. In Kursen zur An-
wenderschulung am Computer und zur Hinführung an den Computer überwiegen
weibliche Teilnehmer; in den Programmierkursen finden sich vorwiegend junge
Männer ein.

1.3 Zur Didaktik und Methodik der Struktografik in der Erwachsenenbildung

Der Ansatz des strukturierten Programmierens als Umsetzung von Problemlösungen auf Computern sollte von den Kursleitern einheitlich mit Hilfe der Struktografik verwirklicht werden; und dies aus mehreren Gründen:

1.3.1 Wenige grafische Zeichen

Für die Kursteilnehmer ist eine mit wenigen Symbolen auskommende Struktografik einfach zu erlernen. Vergleiche mit anderen Darstellungsformen von Algorithmen (Nassi/Shneiderman und PAP) in den Anfängerkursen ergeben jedesmal eine Bevorzugung der Struktografik.

1.3.2 Auf allen Ebenen nur eine grafische Methode

Den Kursteilnehmern wird von Anfang an eine auf allen Ebenen des Kursangebotes der VHS durchgängig benutzte Grafik angeboten, unabhängig davon, ob sie sich für einen Programmierkurs oder einen Anwenderkurs entscheiden. Als Beispiel möge die Ablaufstruktografik einer Arbeitssitzung am Rechner dienen (*ABB.1.2*). Sie wird im Rahmen des Einstiegskurses "Datenverarbeitung am Mikrocomputer" zu Beginn des zweiten Kursabends benutzt und verfolgt drei Ziele:

1. sie soll den Kursteilnehmern die Bedienung der Hardware erleichtern,
2. sie soll mit dem Begriff "Struktografik" bekannt machen und Grafik überhaupt als ein zentrales Arbeitsmedium vorstellen,
3. sie soll aber auch helfen, den Begriff des Algorithmus vorzubereiten.

ABB.1.2 Beispiel der Struktografik in Einführungskursen

1.3.3 Sprachenunabhängige Kurse

Dem Ansatz folgend, daß eine einmal gefundene Problemlösung in jeder Hochsprache codiert werden kann, wird im Baustein "Programmieren von Anwendungen für Fortgeschrittene" ebenfalls die aus den anderen Bausteinen bekannte Struktografik benutzt. Sie ermöglicht es dem Teilnehmer, von BASIC bzw. PASCAL unabhängige Lösungen zu entwickeln und darzustellen. Organisatorisch bedeutet dies, daß die weniger nachgefragten Fortgeschrittenenkurse auch

166

sprachenunabhängig in einem Kurs durchgeführt werden können; die Mindestteil-
nehmerzahl wird auf diese Weise leichter erreicht.

1.3.4 Dokumentieren

Während in den Progammierkursen Struktografiken mehr entwickelnd benutzt werden, haben sie in den Anwenderkursen häufiger dokumentierende Aufgaben. Als
ein Beispiel für die dokumentierenden Funktion einer Struktografik kann die
Grafik des KREISLAUFS DER TEXTVERARBEITUNG in der Reihe "Textverarbeitung"
angesehen werden (*ABB.1.3*). Die den Teilnehmern aus anderen Zusammenhängen
bekannte Grafik wird hier benutzt, um ein gemeinsames Grundmuster aller Text-
verarbeitungsprogramme zu verdeutlichen.

1.3.5 Unterstützung des Problemlösens

Beispiele für die Unterstützung des Problemlösens ergeben sich häufig in der
Unterrichtsreihe "Tabellenkalkulation". Zunächst wird mit Hilfe einer Struk-

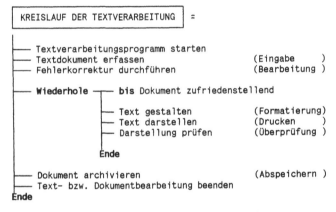

ABB.1.3 Struktograf zum Kreislauf der Textverarbeitung

tografik das Rechenproblem strukturiert oder besser: modularisiert. Dabei
werden die benötigten Zellentypen (deklarativ) geplant und die Art des Algorithmus erkannt, der dem Problem zugrunde liegt. Eine schrittweise Konkreti-
sierung findet ihren Niederschlag in der Entwicklung einer Struktografik, die
dann auf dem Rechenblatt verwirklicht werden kann.

1.4 Zur didaktischen Einordnung im Unterricht

Zu den Lernphasen struktografischen Arbeitens kann allgemein festgestellt
werden, daß mit Einsetzen der algorithmischen Betrachtung der Computernutzung
das Hilfsmittel zunächst "in Gebrauch" genommen wird, um dann mit Einführung
in die Programmierung systematisch verwendet zu werden.
An den einzelnen Kursabenden dienen Struktografiken den Teilnehmern in Abhängigkeit von der jeweils schon erreichten Qualifikation in unterschiedlichen
Lernphasen. Anfangs hilft struktografisches Arbeiten in der Phase der Schwierigkeiten (ROTH, 1965) einer Unterrichtseinheit beim Verstehen der Problemstellung. Auch das "Ausdenken eines Plans" (POLYA, 1967) auf ikonischer Ebene
kann stets durch die Entwicklung einer Struktografik in Unterrichtsgesprächen
systematisiert werden. Mit zunehmender Sicherheit in der Problemerkenntnis
algorithmisch orientierter Aufgabenstellungen hilft die Struktografik bei der
"Überwindung der Schwierigkeiten", also in der Lösungsphase. Das struktogra-

fische Arbeiten im Sinne der allgemeinen Darstellung von Algorithmen zur Herleitung computer-darstellbarer Programme setzt dann eigentlich erst mit der Erarbeitung von Selektionen und Repetitionen planmäßig ein.

1.5 Schwierigkeiten im Umgang und beim Einsatz

1.5.1 Abstraktionsebenen der Methode der Struktografik

In den anwenderorientierten Einführungskursen dient die Methode der Struktografik in der Hauptsache der Dokumentation, oder besser der Reorganisation: Abläufe von Anwenderprogrammen werden strukturell derart ikonisierend zergliedert, so daß gerade diese Auflösung wesentlich dem Verständnis der Teilnehmer voranhilft.

Einfache Strukturen (Sequenzen) als Vorgaben ermöglichen schnell das Codieren in den beiden Hochsprachen BASIC und PASCAL. Hier erfahren die Kursteilnehmer schon zu einem frühen Zeitpunkt, daß die eigentliche Problematik des selbständigen Programmierens nicht die Anwendung von "Vokabeln" der Sprache XY, sondern das Erstellen und Darstellen einer planmäßigen Lösung ist.

Entscheidet sich ein Hörer für einen Programmierkurs - gleich welcher Sprache -, so arbeitet er konsequent struktografisch weiter. Er erlernt an "passenden" Problemstellungen die Strukturen Folge, Schleife und Entscheidung. Dabei konnte immer wieder beoabachtet werden, daß mit Fortdauer des Kurses und der wachsenden Komplexität der Beispiele sich die struktografischen Schlüsselwörter und die hochsprachlichen Standardbezeichnungen der jeweiligen Programmiersprache (BASIC/PASCAL) durchmischten. Die Teilnehmer unterschieden oft nicht mehr zwischen den beiden Stufen der Problemlösung. Nehmen wir ein Beispiel: Nach der Struktur der REPETITION MIT VORGEGEBENER DURCHLAUFZAHL (**FOR**) sind die Strukturen der "Schleifen mit nicht vorgegebener Durchlaufzahl" (**WHILE, UNTIL**) eingeführt worden. Als Anwendung soll das Problem des Dodon (*ABB.1.4*) gelöst werden. <1>

Ist zu beobachten, daß die durch die Schlüsselworte **FOR, UNTIL, DONE** beschriebenen Strukturen nicht ohne weiteres erkannt werden, so daß nach eigenen Lösungsversuchen mit ihnen eingeholfen werden muß, so ist dennoch bemerkenswerter, daß immer wieder einmal Äußerungen fallen wie: "Im (Pascal-) Programm kommt **DONE** nicht vor" oder "**UNTIL** steht im (Pascal-) Programm doch am Ende der Schleife", und es wird den Unterrichtenden mehr als deutlich vor Augen geführt, wie sehr die Teilnehmer hochsprachenfixiert sind und - trotz der methodischen Angebots der grafischen Unterstützung - immer wieder versuchen, ihre (mehr oder weniger vagen) Lösungsansätze sofort in die Maschine hineinzudenken (hineinzuschreiben).

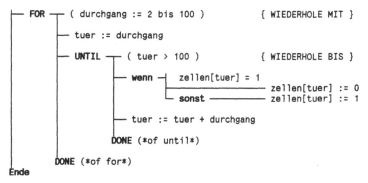

ABB.1.4 Ausschnitt aus der Struktografik DODON <2>

1.5.2 Ablauf- kontra Daten-Strukturen

Andere Schwierigkeiten der Nutzung ergeben sich für den Lernenden durch die Ähnlichkeit der Darstellungsformen von baumartigen (Daten-) Strukturen einerseits und Struktografen (vollständig beblätterten Prozeßbäumen) anderseits. Stehen beim (Daten-)Baum die Zuordnung und die Hierarchie der Elemente im Vordergrund, so impliziert der Struktograf aufgrund seiner Definition den Handlungsablauf entlang der Kanten zu den Prozeßblättern. Hier gelingt es dem Lernenden oft nicht, die unterschiedlichen Inhalte und Sichtweisen (Daten *versus* Prozesse) aufgrund der ähnlichen Linienführungen zu unterscheiden.

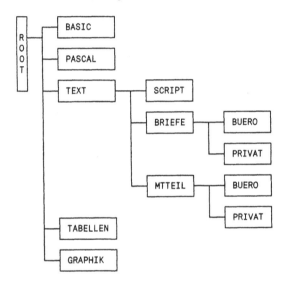

ABB.1.5 Verzeichnisbaum

ABB.1.5 zeigt eine mögliche Verzeichnisstruktur ohne die in den Verzeichnissen gespeicherten Dateien. Hier bedarf es für den struktografik-einübenden Lernenden besonderer Übungen und Erklärungen, um die Erreichbarkeit jedes Datums der Baumstruktur und damit den Zugriffspfad erkennen zu können: Die Regel Rechts-vor-Unten gilt hier nicht! Auch im Datenrekord der *ABB.1.6* gilt nicht mehr der Leitfaden des Abarbeitens entlang der Kanten des Prozeßgrafen, sondern die Idee der Ein- und Unterordnung neuer Datenelemente als Komponenten anderer Elemente. Der Lernende erkennt anfänglich nicht den Unterschied zwischen dem Zugriff auf eine Information und dem ablauforientierten Abarbeiten eines Programms.

Anmerkung (KN): Die übliche Darstellung einer Verzeichnisstruktur legt die selektive **CASE-OF**-Struktur der betreffenden Hierarchie nicht frei, da die Auswahl (im Balken-Menü) gewissermaßen interaktiv geschieht. Bietet das Menü (z.B.) gleichzeitig die Auswahl mit invertierten Buchstaben, so wird der Zugriffspfad in der Folge der erforderlichen Entscheidungen klar.
Die Auflösung im Falle einer hierarchischen Datenstruktur vom Typ eines Verbundes liegt darin begründet, daß ein Verbund struktografisch als das alternative Zurverfügungstellen unterschiedlicher Datenstrukturen interpretiert werden kann. In der (linearen) Sprache von **O.4** kann das Problem wie folgt

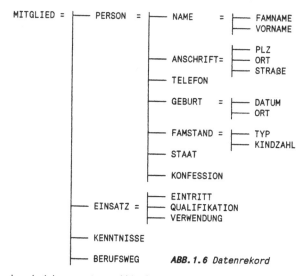

ABB.1.6 Datenrekord

beschrieben werden: $||(X^m[D^n:T^n{}_{obj}]_1\leq_m,n\leq_k,\{P^os^o\}_1\leq_o\leq_1)_k,_1$. (In der OOP heißen die P^n "Methoden"; s^n sind die zu den Prozessen P^n gehörenden Selektorfunktionen.)
Ohne Parallelstrukturen einzubringen, hilft schon die Verwendung der selektiven **CASE-OF**-Struktur dem Verständnis voran:

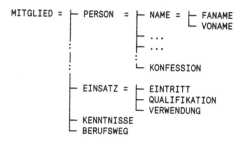

Jürgen Schmitz, Am Booshof 35   , 4170 Geldern 1
Uwe Sieverding, Am Stickeshof 33, 4170 Geldern 1

Struktografik im Unterrichtsversuch am Wirtschaftsgymnasium

von F.Martens aus Celle

2.1 Einführung

Eine der Besonderheiten des Informatik-Unterrichts (IU) scheint zu sein, daß es für Schüler (S.) offenbar schwierig ist, selbst einfache Probleme algorithmisch aufzubereiten; die meisten S. scheinen nicht über ausreichende Ar-

beitstechniken zu verfügen. Eines der Lernziele, die ich im IU realisieren möchte, ist "das Durchdringen algorithmischer Ideen und ihre vielseitige Anwendung auf Problemlösung" <3>; es spricht einiges dafür, daß mich dabei grafische Darstellungen unterstützen könnten. In meinem Unterricht habe ich zunächst die grafischen Entwurfsnotationen Programmablaufplan (PAP) und Struktogramm im IU eingesetzt. Diese beiden Entwurfsnotationen haben mich nicht sehr beim Erreichen meines unterrichtlichen Ziels unterstützt, und zwar trotz verschiedener unterrichtlicher Umsetzungen. Das Urteil, in "der von uns durchgeführten Ausbildung für Studenten unserer Hochschule verwenden wir grafische Darstellungen seit Jahren nicht mehr" <4>, war verständlich. Wegen der Bedeutung visueller Veranschaulichungen aber nicht akzeptierbar.
Im vergangenen Jahr setzte ich die Struktografik im Unterricht ein. Über diese Unterrichtsversuche soll im folgenden berichtet werden, und es sollen Erfahrungen mitgeteilt werden; da keine empirische Untersuchung durchgeführt wurde, muß die Bewertung vorläufig und thesenhaft bleiben.

2.2 Beschreibung der Lerngruppen

Das Konzept der Struktografik wurde in zwei verschiedenen Lerngruppen (A,B) eingesetzt. Im Unterricht wurde - wie noch erläutert werden wird - unterschiedlich vorgegangen.
Beide Lerngruppen (LG) waren Grundkurse des Jahrgangs 12 eines Fachgymnasiums. In Klasse 11 war Informatik nicht unterrichtet worden. Die Schülerinnen und Schüler waren zwischen 17 und 21 Jahre alt. In bezug auf das Alter der meisten S. war zu berücksichtigen, daß die abstrakte Denkfähigkeit ständig zu üben ist. Auch bilden sich in diesem Alter zunehmend Globalfähigkeiten zu speziellen Fähigkeiten wie logisch-schlußfolgerndem Denken usw. aus <5>. Dabei war bei der Wahl des Unterrichtsverfahrens zu beachten, daß eher induktiv vorgegangen werden sollte. <6>
Beide Lerngruppen unterscheiden sich in folgendem. Die LG A war größer als die LG B. Die S. der LG A wählten Informatik, weil "sie modern ist". Die S. der LG B schienen Informatik mit einer größeren Zielsicherheit gewählt zu haben. Sie schienen auch mehr als die andere Gruppe an einem Erfolg im Fache Informatik orientiert gewesen zu sein. Nach meinen Beobachtungen galt für beide Lerngruppen: "Die Mehrzahl der Schüler hat Schwierigkeiten im Bereich des abstrahierenden, konstruktiven und problemlösenden Denkens." <7>
Man kann vermuten, daß die Schichtenzugehörigkeit der Eltern die Leistungen der S. in Informatik beeinflußt, denn die Schichtenzugehörigkeit wirkt auf Abstraktionsfähigkeit, überlegtes, selbständiges Handeln usw. ein. <8> S., die aus der Mittelschicht stammen, scheinen eher gelernt zu haben, "wie man eine Problemsituation zunächst zu strukturieren versucht" <9>.Eine Befragung nach dem Konzept von Kleining/ Moore <10> ergab, daß die überwiegende Zahl der S. aus der Unterschicht kam. Im Hinblick auf den Unterricht war zu beachten, daß das Erziehungsverhalten ihrer Eltern ehe konkretes Denken, weniger Abstraktionsfähigkeit usw. bei den S. bewirkt hatte. Im Zusammenhang damit könnte auch stehen, daß eine Vielzahl der S. nicht sehr ausdauernd bei der Bearbeitung von Problemen war.

2.3 Beschreibung des Unterrichts

2.3.1 Vorbemerkung
In den beiden LG wurde die grafische Entwurfsnotation zu verschiedenen unterrichtlichen Zeitpunkten eingeführt. In der LG A wurde die Struktografik thematisiert, nachdem die zu lösenden Probleme über erste Programmierversuche hinausgingen; die Lösungsansätze wurden bis zur Einführung der Struktografik im Pseudo-Code formuliert. Den anderen Kurs begann ich mit der Erarbeitung der grafischen Notation; Übungen zur grafischen Notation bestanden in der Umsetzung von verbal beschriebenen Algorithmen.

Im folgenden sollen Unterrichtsstunden, die die Struktografik betreffen, geschildert werden.

2.3.2 Vorgehen in der Lerngruppe A

In der ersten (Doppel-) Stunde wurden im Lehrervortrag die Elemente vorgestellt, die zur Beschreibung von bisher geübten Sprachelementen in einer Struktografik notwendig waren. Anhand eines einfachen Problems wurde im Unterrichtsgespräch (UG) eine Struktografik entwickelt. Dann versuchten die S. in Partnerarbeit, die Lösung einer quadratischen Gleichung mit einer Struktografik darzustellen; anschließend wurde eine solche Grafik im UG an der Tafel entwickelt. Die S. erhielten als vorbereitenden Text für die nächste Stunde ein Informationsblatt mit einem weiteren Element der Programmiersprache, denn die Arbeit mit der Struktografik sollte nicht isoliert erfolgen. In diesem Informationsblatt wurde die Struktografik als Darstellungsmittel benutzt. Die S. sollten als Kontrollaufgabe eine Datumsangabe in Ziffern in eine Datumsangabe mit ausgeschriebenem Monat umwandeln.

In der zweiten (Doppel-) Stunde wurde zunächst die Kontrollaufgabe besprochen. Die S. entwickelten anschließend im UG eine Struktografik zur Prüfung, ob ein vorgegebenes Jahr ein Schaltjahr ist. Danach erarbeiteten die S. ein Programm, das überprüft, ob ein in Ziffern eingebenes Datum ein zulässiges Datum ist und das Datum mit ausgeschriebener Monatsangabe ausgibt. Als Hausaufgabe erhielten die S. ein Informationsblatt mit einem verbal dargestellten Algorithmus, mit dessen Hilfe zu einem vorgegebenen Datum der zugehörige Wochentag ermittelt werden kann.

Im folgenden Unterricht wurde von den S. nicht immer explizit verlangt, eine Struktografik bei der Erarbeitung von Problemen zu erstellen.

2.3.3 Vorgehen in der Lerngruppe B

In der zweiten LG wurde das Durchdringen von Problemen mit Hilfe der Struktografik an den Anfang des Kurses gestellt. Die meisten S. hatten keine Erfahrungen im Programmieren und auch keine Kenntnisse einer Programmiersprache. Um den S. nicht die Motivation für das Fach zu rauben, durfte die Begegnung mit dem Rechner nicht allzu lange hinausgezögert werden. Aus Gründen der Vergleichbarkeit der beiden LG sollten die behandelten Probleme sich nicht unterscheiden.

In der ersten (Doppel-) Stunde wurden die S. auf das genaue Befolgen von Anweisungen durch einen Pseudo-Test aufmerksam gemacht. Danach schrieben die Schüler Anleitungen zum Falten von Dingen aus Papier, die dann andere Schüler ausführen mußten. Die Problematik der Beschreibung von Verfahren wurde so bewußt gemacht. Danach wurden Elemente der Struktografik im Lehrervortrag genannt, und zwar das Grundprinzip des roten Fadens, der Anordnung sequentieller Anweisungen und der Selektion. Im UG wurde die Lösung einer quadratischen Gleichung - wie in der LG A - in struktografischer Notation dargestellt. Die S. hatten als Hausaufgabe einen Text, mit dessen Hilfe zu einem Datum der zugehörige Wochentag ermittelt werden kann. In der zweiten (Doppel-) Stunde wurde mit den S. erarbeitet, ob ein bestimmtes Jahr ein Schaltjahr ist. Auf diese Weise wurde eine Wiederholung erreicht. Danach erstellten die S. in Partnerarbeit eine Struktografik zu dem als Hausaufgabe bearbeiteten Text. Die Schüler trugen ihre Lösung im Schülervortrag vor. In der zweiten Hälfte der Stunde wurde in die Programmiersprache eingeführt. Die S. erhielten als Hausaufgabe die Durcharbeitung eines Textes. In der dritten (Doppel-) Stunde wurde eine Wiederholungsphase notwendig, weil einige S. in den Kurs wechselten. Diese wurde dann durch die Mitschüler anhand eines einfachen Problems in die Methode der Struktografik eingeführt. Danach wurde von den Mitschülern der Text der Hausaufgabe erläutert und Lösungen vorgetragen. Über einige aufgetretene Probleme wurde gesprochen. Im zweiten Teil der Stunde setzten alle S. die Arbeit mit der Programmiersprache fort.

2.4 Auswertung

2.4.1 Bemerkungen zur Lerngruppe A

Für beide LG bezieht sich die Auswertung nicht nur auf die angegebenen Stunden, sondern auch auf Auswirkungen, die sich in nachfolgenden Unterrichtsstunden zeigten.

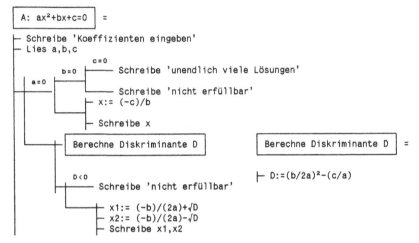

ABB.2.1 DENKSTILE: Struktografik LG A

Wegen der Eigenschaften der LG A wurde eher "kleinschrittig" vorgegangen. Das Konzept der Struktografik läßt ein Erarbeiten im fragend-entwickelden Unterrichtsgespräch zu. Sie erlaubt eine Darstellung, ohne daß Lösungsideen wie z.B. bei Struktogrammen in ein strenges Korsett gezwängt werden müssen. Die Struktografik zur Lösung einer quadratischen Gleichung war im Gegensatz zum Arbeitsergebnis der zweiten Gruppe eine "elegantere" Lösung (ABB.2.1). Es wurde in der weiteren Grafik z.B. nicht mehr geprüft, was vorher schon irgendwann geprüft worden war. Dies kann unterschiedlich erklärt werden; zum einen könnte die Lenkung durch den Lehrer gewirkt haben, und zum anderen könnten sich die Erfahrungen der S. bei vorangegangenen Programmierversuchen ausgewirkt haben. Ein Teilproblem, nämlich die Berechnung des Diskriminante wurde auf Vorschlag der S. ausgegliedert; die spezielle Notation der Struktografik für Funktionen und Prozeduren war den S. zu diesem Zeitpunkt nicht bekannt. Die Schüler setzten die Struktografik fast genau in die Programmiersprache um. Dies zu leisten ist eine positive Eigenschaft der Struktografik.Die LG A formulierte ihre Lösungsideen weiter überwiegend im Pseudo-Code. Nur einige S. arbeiteten systematisch mit der Entwicklung einer Struktografik. Diese Verhalten der S. kann darin liegen, daß die Probleme noch nicht sehr komplex waren. Die S. schienen an einem raschen Erfolg interessiert zu sein; längerfristig zu planen, schien schwierig oder nicht notwendig zu sein. Sowie die S. eine vage Lösungsidee hatten, wollten sie handeln. Dieses zeigte sich vor allem an der zuletzt gestellten, etwas komplexeren Aufgabe. Insoweit scheint sich die Einschätzung der LG zu bestätigen, daß die S. dieser Gruppe eher sequentielle <11> Lösungsstrategien bevorzugten. Eine andere Erklärung für das Verhalten könnte in folgendem liegen. "Beim Erwerb von Arbeitstechniken ist Übungsübertragung ... nur zu erwarten, wenn der Ler-

nende sich diese entweder selbst erarbeitet oder explizit auf sie hingewiesen wird." <12>
Im Vergleich zu früheren LG - wenn denn ein solcher Vergleich möglich ist - benutzten mehr S. die grafische Notation. Wenn man Gründe dafür in den Notationen sucht, können zwei Erklärungen angeboten werden. Der PAP benutzt Symbole, die einen Anfänger nicht unbedingt auf die Bedeutung hinweisen, sondern möglicherweise anders besetzt sind; dies könnte die Benutzung behindern <13>. Ein Struktogramm ist eher für die analytische Betrachtungsweise geeignet als für ein synthetisches Vorgehen. Es deutet einiges daraufhin, daß Strukturieren sowohl analytisch als auch synthetisch vorgenommen werden kann und Menschen analytische und nichtanalytische Strategien komplementär verwenden <14>. S., die die struktografische Notation nicht einsetzten, erkannten später gleichartige Situationen nicht so leicht wie die Verwender der Struktografik <15>; diese S. hatten ihr Wissen in verschiedenen Darstellungen erworben. Sie konzentrierten sich auch eher auf die relevanten Aspekte einer Aufgabe; sie waren bei Problemlösungen erfolgreicher. Die strenge seriale Vorgehensweise der Struktografik scheint eine erfolgreiche Problemlösung für Anfänger zu unterstützen. <16> Es ließe sich die Hypothese bestätigen, "daß eine hierarchische Struktur die Grundform der Organisation menschlichen Problemlösens sei" <17>.

2.4.2 Bemerkungen zur Lerngruppe B

Nach meinem Eindruck war die Erarbeitung der Struktografik in der LG A durch die Vorkenntnisse in der Programmiersprache überlagert worden. Für die S. stand die Programmiersprache im Vordergrund. Um dieses zu vermeiden und so allgemeine Arbeitstechniken zur Durchdringung von Problemen den S. habituell zu machen, versuchte ich im zweiten Kurs, (jedenfalls anfangs) die Programmiersprache zurückzudrängen.
Um ein Ergebnis vorwegzunehmen, kann festgehalten werden, daß die S. der LG B eher als die Schüler der LG A die Möglichkeiten der grafischen Darstellung ausnutzten, diese wiederum nutzten die Methode der Struktografik eher als diejenigen S., die in früheren Jahren PAP oder Struktogramme kennengelernt hatten.
Ein direkter Vergleich der beiden LG ist anhand des Beispiels der quadratischen Gleichung (ABB.2.2) möglich. Hier fällt zunächst auf, daß die S. der LG oftmals versuchten, zu Beginn jedes neuen Falles die Bedingungen jeweils aufs neue vollständig zu formulieren. Dies ist möglicherweise durch die Art der Darstellung in einer Struktografik bedingt, denn die Art der Darstellung in einer Struktografik ist anderen, nicht sequentiell, sondern als Über- und Unterordnung zu verstehenden Darstellungen bei Tafelbildern ähnlich. Durch die doppelte Erfassung von Lösungssituationen bei der quadratischen Gleichung ergab sich im UG die Möglichkeit, über das Problem von richtigen, aber nicht minimalen Formulierungen zu sprechen. Die S. äußerten dabei, daß es klarer sei, die Bedingungen jeweils ausdrücklich und wiederholend zu notieren.
In der Unterrichtsarbeit ergab sich, daß beim Vorschlag einer unvollständigen Formulierung Mitschüler Ergänzungen im weiteren Verlauf selbständig vorschlugen. Vorschläge von S., die einen Zwischenschritt übersprangen, konnten vorausgreifend notiert werden, ohne die Grafik zu zerstören. Die S. gaben zu Beginn eine übliche Lösungsformel an, die dann analysiert wurde. Es wurde sowohl vorwärts- als auch rückwärtsschreitend gearbeitet. Die Ergänzbarkeit einer Struktografik bewährte sich. Formulierungsvorschläge wurden hinsichtlich ihres Konkretisierungsgrades untersucht; gegebenenfalls wurden sie als 'vorläufig' gekennzeichnet und im nachhinein konkretisiert. Hier lagen Ansätze zur Einführung in die Top-Down-Methode.
In späteren Unterrichtsstunden wurde die Grafik in die Programmiersprache übersetzt. Hierbei fiel auf, daß die S. nicht erkannten, daß die Grafik unmittelbar übersetzt werden konnte. Sie formulierten teilweise mit erheblichem Aufwand die Bedingungen um. Im UG wurde diese Problematik aufgearbeitet. Die

S. versuchten, das für eine Lösungssituation Formulierte auf einmal zu beherrschen. Hier stellt sich meines Erachtens das Problem, inwieweit ein Abstellen auf das Grundprinzip der Verfeinerung der Altersstufe angemessen ist. Dieses Vorgehen setzt nämlich den Verzicht auf eine rasche Lösung voraus und erfordert stetiges Nachdenken in Etappen. Um ein solches Denken aber habituell werden zu lassen, bedarf es der sicheren Erfahrung, daß ein solches Vorgehen auch zum Ziel führt. Die S. waren in einem ALter, in dem eher induktives Vorgehen angebracht ist; das Vorgehen der stufenweisen Verfeinerung ist aber eher ein deduktives Verfahren. <18>

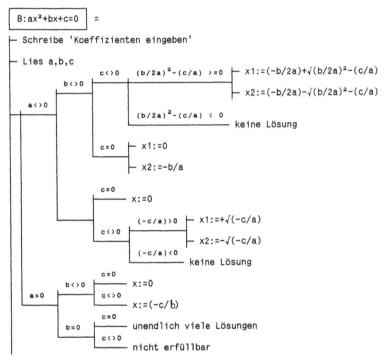

ABB.2.2 DENKSTILE: Struktografik LG B

Bei einer Hausaufgabe (zu einem Kubikzahlen-Algorithmus) zeigte sich, daß die S. die grafische Notation erfolgreich anwenden konnten. Der Text enthält doppelte Formulierungen und (wenigstens) eine Lücke. Die S. bearbeiteten den Text ohne Schwierigkeiten.

2.5 Rückblick

"Was ist Programmieren? Das ist eine Streitfrage. ... Manche sagen, es sei eine Wissenschaft, andere, es sei Kunst, wieder andere, Fertigkeit oder Handwerk." <19>

Schülern kann dieses Gebiet zugänglich gemacht werden, indem sie befähigt werden, Dinge zu strukturieren, d.h. die Abhängigkeiten (der Elemente einer Fragestellung) fortschreitend darzustellen und sich damit zu vergegenwärtigen. Nach meiner Erfahrung hilft die Methode der Struktografik den Schülern bei dieser Arbeit.

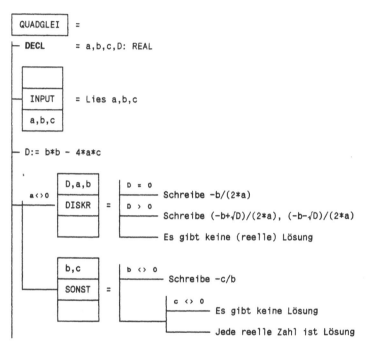

ABB.2.3 DENKSTILE: Informatikkurs Klasse 10

F.Martens, Mondhagen 39, 3100 Celle

Das Acht-Damen-Problem <20> im Informatik-Schwerpunkt der Realschule

---

von Peter Petermann aus Duisburg

Auf einem Schachbrett sollen 8 Damen so verteilt werden, daß sie einander nicht bedrohen - diese unter dem Namen Acht-Damen-Problem bekannte Fragestellung wurde bereits 1850 von C.F.GAUSS persönlich untersucht, jedoch nicht vollständig gelöst.
Eine kurze Analyse der Schachbrettkoordinaten zeigt, daß bei geeigneter Numerierung die Summe der Indizes derjenigen Felder, die zu einer steigenden Diagonalen gehören, immer gleich groß bleibt; dagegen ist es bei fallenden Diagonalen so, daß hier die Differenz der Indizes der Diagonalenfelder konstant bleibt.

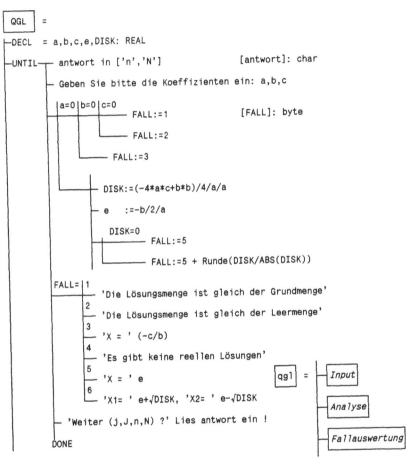

ABB.2.4 DENKSTILE: Informatikkurs Klasse 10   **ABB.2.5** Modularisierung

Diese Beziehungen zwischen den Indexsummen bzw. Indexdifferenzen und den Positionen der Damen in den Zeilen bzw. Spalten sind für die Aufstellung des Lösungsalgorithmus wesentlich:

> Es liegt nahe, ein Programm so zu entwerfen, daß es das Schachbrett z.B. spaltenweise durchmustert und immer, wenn es eine freie Zeile samt freien Diagonalen findet, dorthin eine Dame setzt.

Also werden vier eindimensionale Felder zeile[], diag1[], diag2[] und dame[] benötigt:

Es sei zu Anfang spa = 1 (Spalte = 1); zei laufe von 1..8 (Zeile 1..8).
Es bedeute

zeile[zei]	= TRUE	:	die Zeile mit der Nummer zei ist frei
diag1[spa+zei]	= TRUE	:	alle Felder mit der Indexsumme (spa+zei) (das sind die aus den Spalten spa aufsteigenden Diagonalen) sind frei
diag2[spa-zei]	= TRUE	:	alle Felder mit der Indexdifferenz (spa-zei) (das sind die aus den Spalten spa fallenden Diagonalen) sind frei
dame[spa]	= zei	:	Dame steht in Spalte spa auf Zeile zei

Der Algorithmus läßt sich nun rekursiv in den folgenden Lösungsansatz (grobstrukturiert) entwickeln:

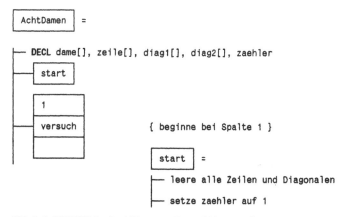

ABB.3.1 DENKSTILE: Groblösung, Abstraktionsstufe 0

Das Feld zeile[] enthält 8 Elemente (1..8); das Feld diag1[] muß auf 16 Elemente festgelegt werden, da hier Indexsummen als Indizes auftauchen. In

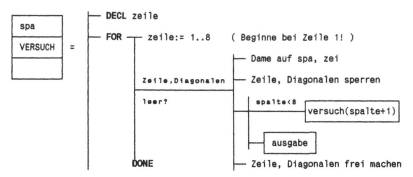

ABB.3.2 DENKSTILE: Verfeinerung auf der Abstraktionsstufe 0

diag2[] dagegen stehen Indexdifferenzen, also können die Indizes die Werte von -7 (=1-8) bis +7 (=-1+8) annehmen. Das Feld dame[] schließlich ist kein boolesches, sondern ein Integer-Feld mit den Indizes 1..8.
Das solcherart vorstrukturierte Programm selbst schließlich ist überraschend kompakt (*ABB.3.4*)

```
┌─────────┐
│ ausgabe │  =  ├── DECL spalte
└─────────┘
              ├── schreibe den Wert von zaehler

              ├─ FOR ─┬─ spalte:= 1..8
              │       │
              │       ├── schreibe die Position der Dame
              │       │   (Wert von dame[spa])
              │       │
              │      DONE

              ├── setze den Cursor eine Zeile tiefer

              ├── erhöhe den Wert von zaehler
```

ABB.3.3 DENKSTILE: Verfeinerung auf der Abstraktionsstufe 1

```pascal
program acht_damen;

var
    zeile   : array[1..8 ] of boolean;
    diag1   : array[1..16] of boolean;
    diag2   : array[-7..7] of boolean;
    dame    : array[1..8 ] of byte;
    zaehler : byte;


procedure start;

var i : integer;

begin
  for i:=1 to 8 do begin zeile[i]:= TRUE; dame[i]:= 0 end;
  for i:=1 to 16 do diag1[i]:= TRUE;
  for i:=-7 to 7 do diag2[i]:= TRUE;
  zaehler:=1;
  writeln('DAS ACHT-DAMEN-PROBLEM');
  writeln;
end;

procedure ausgabe;

var sp : byte;

begin
  write(zaehler:3,'. ');
  for sp:=1 to 8 do write(dame[sp]:3);
  writeln;
  zaehler:= succ(zaehler);
end;
```

```
procedure versuch(sp: byte);

var zei : byte;

begin
  for zei:=1 to 8 do
  if (zeile[zei] and diag1[sp+zei] and diag2[sp-zei]) then begin
    dame[sp]     := zei;
    zeile[zei]   := FALSE;
    diag1[sp+zei]:= FALSE;
    diag2[sp-zei]:= FALSE;
    if (sp<8) then versuch(sp+1) else ausgabe;
    zeile[zei]   := TRUE;
    diag1[sp+zei]:= TRUE;
    diag2[sp-zei]:= TRUE
  end;
end;

begin   { main }
  start;
  versuch(1)
end.
```

ABB. 3.4 *Acht-Damen-Problem: rekursive PASCAL-Lösung*

Die Darstellung der Prozedurlogik mittels Struktografik ermöglicht - gerade bei dem logisch recht komplexen Aufbau der Aktion VERSUCH - die überdies rekursiv formuliert ist - eine nahezu ideale Veranschaulichung. Da sie an Kontrollstrukturen sowohl Selektionen als auch (rekursive und iterative) Repetitionen enthält, ist jeder Versuch, sie mittels PAP oder NASSI-SHNEIDERMAN-Struktogramm ÜBERSICHTLICH und TRANSPARENT darzustellen, zum Scheitern verurteilt.
Dieses Unterrichtsbeispiel ist im Differenzierungsschwerpunktkurs Informatik mit SchülerInnen der 10. Klasse ebenso wie in einem VHS-Kurs mit Erwachsenen im Rahmen einer Unterrichtseinheit zum ALGORITHMISCHEN PROBLEMLÖSEN erprobt worden. Es läßt sich festhalten, daß den SchülerInnen wie den beteiligten erwachsenen Kursteilnehmern die Logik des algorithmischen Ansatzes sich explizit erst über die Darstellung mittels der Struktografik erschloß.

Peter Petermann, Martinstraße 34, 4100 Duisburg

Struktografik im Informatikunterricht der gymnasialen Oberstufe

---

von Reinhard Buchholz aus Duisburg

4.0 In diesem Beitrag soll versucht werden, die Vorteile, welche für eine Benutzung der Struktografik als Sprache für den Entwurf von Algorithmen im Unterricht sprechen, an einigen Beispielen aufzuzeigen. <21>
Meines Erachtens sind vier Merkmale aus der Sicht des Unterrichtenden hervorzuheben, die die Struktografik auszeichnen:

1. Für die Strukturen Selektion und Repetition stehen eigenständige grafische Elemente zur Verfügung, der unbedingte Sprung (**GOTO**) ist nicht darstellbar.

DENKSTILE:

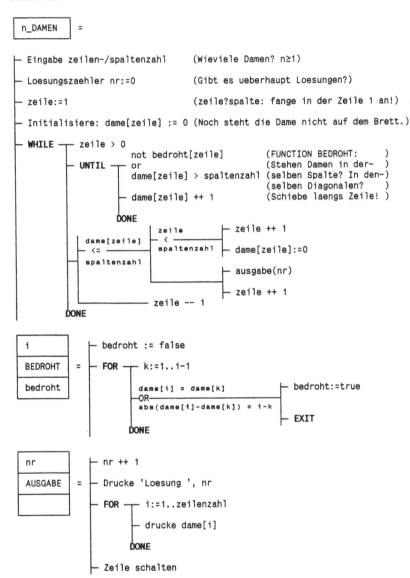

ABB.3.5 *Acht-Damen-Problem verallgemeinert: iterativ*
Lösung im Leistungskurs Informatik

2. Nachträgliche Änderungen lassen sich relativ leicht vornehmen, da die Graphik (wenn überhaupt) nur lokal geändert werden muß. Dadurch kann die Struktographik nicht nur zur nachträglichen Dokumentation, sondern durchgängig in allen Phasen der Programmentwicklung gewinnbringend eingesetzt werden.
3. Prozeduren lassen sich adäquat darstellen. Dies betrifft insbesondere die von vornherein vorgesehene Möglichkeit, die Schnittstellen abzubilden; eine klare Trennung zwischen Ein- und Ausgangsparametern wird vorgenommen.
4. Mit Hilfe der Overheadprojektion ist es im Unterricht sehr leicht möglich, einen Schreibtischtest - selbst bei stark rekursiven Prozeduren - vorzunehmen.

4.1 Der erste Aspekt dürfte allen denjenigen besonders deutlich sein, die in Ermangelung einer anderen Möglichkeit gezwungen waren, strukturierte Programme in BASIC zu schreiben (bzw. Schüler zu lehren, solche Programme in BASIC zu schreiben).
Im Anfangsunterricht der Klasse 11 wird deutlich, daß viele Schüler Schwierigkeiten haben, zwischen der Selektion einerseits und der Repetition andererseits zu unterscheiden. Dies ist besonders bei denjenigen Schülern zu beobachten, die hauptsächlich mit der Programmiersprache BASIC gearbeitet haben, da in dieser Sprache die **WHILE-** und **UNTIL**-Schleifen (zum Teil auch heute noch) durch eine Kombination aus Selektion und unbedingtem Sprung ersetzt werden müssen. Hier liegt auch ein wesentlicher Nachteil der Ablaufdiagramme nach DIN 66001.
Um bei den Schülern ein Gefühl für die unterschiedlichen Strukturen zu wecken, bietet sich als Vorübung die Strukturierung einer vorgegebenen Anweisungsfolge an; in ähnlicher, einfacherer Form kennen dies die Schüler (oft bereits) aus dem Musikunterricht. Gegeben sei eine Folge von Anweisungen

    F : AAAABAAAABAAAACABBBBBBBBBBBACAAABAAAABAAAC

die strukturiert werden soll. "A", "B" und "C" stehen dabei für Aktionen, die (hier) durchaus mit konkreten Vorstellungen verbunden sein (interpretiert werden) sollten, z.B.:

    A : Schreibe ein Sternchen   ("*")
    B : Schreibe ein Leerzeichen (" ")
    C : Setze den Cursor an den Anfang der nächsten Zeile

In diesem Falle erzeugt man durch die obige Anweisungsfolge die folgende Figur:

         *** *** ***
         *   *
         *** *** ***

Bei dem Versuch, in dieser Anweisungsfolge eine Struktur zu entdecken, versucht ein Großteil der Schüler in "bottom up"-Technik (sehr kleinschrittig) vorzugehen; in verbalen Beschreibungen werden die Repetitionen oft durch bedingte Rücksprünge ersetzt. Bei der Verwendung der Struktografik scheidet dieses Vorgehen von vornherein aus, da die Struktografik keinen bedingten oder auch unbedingten Sprung (GOTO) als grafisches Element enthält. Andererseits unterstützt die Struktografik die Methode der schrittweisen Verfeinerung ("top down"-Verfahren), mit der man relativ leicht zu einem Ergebnis zu kommt. (*ABB.4.1*)

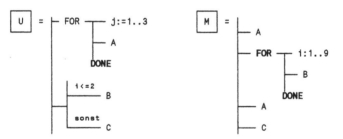

```
 F   =  ┬─┤K-F│ = ─ AAABAAABAAAC
        │
        ├──┤ M │ = ─ ABBBBBBBBBAC
        │
        └─┤K-F│ = ─ AAABAAABAAAC
```

ABB.4.1 *Groblösung*

Die Teilfolgen "X" und "Y" lassen sich nun weiter untergliedern. Für das Teilstück "X" erhält man unter der Voraussetzung, daß die gleichartige Struktur von "AAAB" und "AAAC" ausgenutzt wird, eine Schleifenstruktur (*Abb.4.2*)

```
│K-F│ = ├─ FOR ─┬─ i:1..3
        │       │              B
        │       ├─┤ U │ = ─ AAA{ }
        │       │              C
        │     DONE
```

ABB.4.2 *Verfeinerung der Prozedur, die die Kopf-/Fußzeile erzeugen soll*

Dabei könnte die Anweisungsfolge "U" wie folgt dargestellt werden (*Abb.4.3*):

```
│ U │ = ├─ FOR ─┬─ j:=1..3          │ M │ = ├─ A
        │       │                           │
        │       ├─ A                        ├─ FOR ─┬─ i:1..9
        │     DONE                          │       │
        │                                   │       └─ B
        │   i<=2                            │     DONE
        ├───┬─ B                            ├─ A
        │   │                               │
        │ sonst                             └─ C
        └───┴─ C
```

ABB.4.3 *Zweite und damit end-*   **Abb.4.4** *Beim Mittelteil reicht*
gültige Verfeinerung   *schon ein Verfeinerungs-*
                                               schritt

Entsprechend verfeinert man das 'Unterprogramm' M (*ABB.4.4*).

4.2 Der zweite Vorteil leuchtet unmittelbar ein, wenn man den Aufwand für Änderungen mit dem vergleicht, der in alternativen grafischen Darstellungsformen anfällt. Hierbei ist zu betonen, daß bei Platzmangel die Möglichkeit besteht, in waagerechter Richtung Ergänzungen einzufügen. Die Handlungsregel "Rechts-vor-Unten" legt eindeutig die Bearbeitungsreihenfolge fest. Man ändere beispielsweise die obige Anweisungsfolge zu AAABEAAABCAAAC ...!

4.3 Prozeduren, Parameterübergabe, Rekursion, Ablaufverfolgung

Anhand des nächsten Beispiels soll aufgezeigt werden, wie leistungsfähig die Struktografik einerseits bei Prozeduraufrufen mit Parameterübergabe ist, welche einfache Möglichkeit sich andererseits bietet, mithilfe der Struktografik einen Schreibtischtest durchzuführen. Das Beispiel stammt aus dem Bereich der theoretischen Informatik: Im Rahmen des Themenbereichs Algorithmik soll den Schülern aufgezeigt werden, daß es Probleme gibt, die nicht algorithmisch auflösbar sind. Eines der möglichen Beispiele ist das "Halteproblem":

> Gibt es einen Algorithmus A, der für ein beliebiges Programm anhand vorgegebener (Eingabe-)Daten entscheidet, ob dieses Programm anhält (terminiert)?

Um den Nachweis der Unmöglichkeit eines solchen Algorithmus A zu erbringen, führen wir einen indirekten Beweis; wir nehmen also an, es existiere ein solcher Algorithmus A. <22>
Sei A ein solcher Algorithmus. Wir beschreiben A durch eine Struktografik (Abb.4.5), wobei für den folgenden Beweis eine Groblösung völlig ausreicht.

ABB.4.5 Der Algorithmus A (Groblösung)

Nun konstruieren wir einen Algorithmus A*, der nichts anderes macht, als den Algorithmus A bei vorgegebenem Programm P auf die "Daten" P anzuwenden (ABB.4.6). Mithilfe von A* konstruieren wir am Ende das Programm A**. A** ist nicht konklusiv, also kein Algorithmus im engeren Sinne; denn für den Fall, daß A* das Ergebnis erg = OK zurückliefert, gerät A** in eine Endlosschleife.

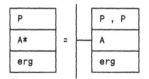

ABB.4.6 Der Algorithmus A*

(Wir bezeichnen A** als eine "Prozedur". Terminierende Prozeduren sind dann Algorithmen.)
Es erscheint auf den ersten Blick sehr merkwürdig, daß ein Programm gleichzeitig als Datum fungieren soll. Hierzu ist zweierlei anzumerken:

> In aller Regel macht es keinen Sinn, anstelle der sonst üblichen Eingabedaten das Programm selbst zu verwenden, wobei es belanglos ist, in welcher Programmiersprache das Programm verfaßt ist. Es geht hier nur um die Frage, ob das Programm in unseren Fall terminiert, nicht jedoch darum, ob es z.B. zu sinnvollen Ausgabedaten führt. Es interessiert auch nicht, ob das Programm deshalb hält, weil es zu einem regulären Ende kommt oder aber, weil es wegen unzulässiger Eingabedaten abbricht.

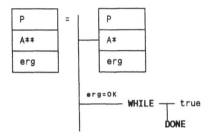

ABB.4.7 *Das Programm A***

Andererseits gibt es durchaus Programme, die auf sich selbst sinnvoll angewendet werden können. Als Beispiel sei die Erstellung eines Compilers für einen neuen Rechner erwähnt; in aller Regel erzeugt man das ablauffähige Maschinenprogramm, indem man den Compiler durch sich selbst auf einem anderen Rechner übersetzt <23>, oder aber ein Programm, mit dem man eine beliebige Datei in Binärdarstellung ausgeben kann. Wendet man dieses Programm auf sich selbst an, so kann man ebendieses Programm als "echtes" Maschinenprogramm betrachten.

Wir treiben nun das Ganze auf die Spitze durch die Frage:

    Was passiert, wenn wir A** auf sich selbst ansetzen?

Dazu verfolgen wir den Ablauf in der Struktografik. Beim Einsatz der Struktografik im Unterricht hat sich das folgende Verfahren bestens bewährt: Die originale Folie der Struktografik wird in schwarzer Schrift erstellt. Eine weitere Folie wird über das Original gelegt, auf der die abgearbeiteten Strukturen sowie die aktuellen Parameter mit einer transparenten, aber auffälligen Farbe (z.B.rot) nachgezeichnet / eingetragen werden. Bei einem neuen Prozeduraufruf wird der (evtl. sogar nachgezeichnete) Kasten für den Prozeduraufruf auf den entsprechenden "Deklarationskasten" gelegt. Auf einer neuen Folie wird nach dem Übertragen der aktuellen Parameter die Abarbeitung vorgenommen; die vorige Folie wird auf einem Stapel (Kellerspeicher) abgelegt und erst dann wieder benutzt (auf die zugehörige Struktografik aufgelegt), wenn die Abarbeitung der Prozedur abgeschlossen ist. Hierbei müssen die aktuellen Werte der Ausgangsparameter in den Aufrufkasten (unteren Bereich des dreigeteilten Rechtecks) kopiert werden. Der sonst übliche Verwaltungsaufwand bei Schreibtischtests reduziert sich auf ein Minimum. Da die Werte der lokalen Variablen auf der entsprechenden Folie vermerkt sind, hat man stets die aktuellen Werte vor Augen. Die Aufrufstelle geht eindeutig aus der nachgezeichneten Linienführung hervor, so daß man im Falle des mehrmaligen Aufrufs einer Prozedur (z.B. der Fibonnacci- oder Ackermannfunktion) aufgrund der Ablage der Folien auf einem Stapel sofort die richtige Fortsetzung findet.
Wenn ich nun im folgenden versuche, diesen dynamischen Vorgang durch eine statische Niederschrift zu verdeutlichen, so kann man dabei nur einen ersten vagen Eindruck von der tatsächlichen Effektivität dieser Methode bekommen. Dem Leser sei daher geraten, sich einmal - mit ca. 15 Folien ausgerüstet - an einem Schreibtischtest der Ackermannfunktion <24> zu wagen, um ack(3,1) zu berechnen. Im Folgenden sind die aktuellen Parameter kursiv eingetragen, der abgearbeitete Teil ist durch doppelte Linienführung kenntlich gemacht.
Starten wir A**: Es kommt zuerst zu einem Prozeduraufruf der Prozedur A*, wobei der formale Parameter durch A** ersetzt wird (*ABB.4.8*).

185

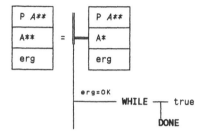

ABB.4.8 *Der Weg durch A** bis zum Aufruf der Prozedur A**

Entsprechend erfolgt der Aufruf von A (*Abb.4.9*) in der Prozedur A*; dadurch werden die formalen Parameter P und D in der Prozedur A durch A** ersetzt.

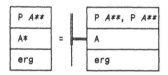

ABB.4.9 *In der Prozedur A* erfolgt der Aufruf von A*

Abb.4.10 *Bei A geht es nur um die Frage: Was macht A** angewendet auf A** ?*

Es scheint bei der Abarbeitung der Selektionsbedingung in der Prozedur A nun so, als ob "der Mops zum zweiten, aber nicht zum letzten Male in die Küche kommt, um dem Koch ein Ei zu stehlen", jedoch ist es ein Irrtum anzunehmen, hier läge ein rekursiver Aufruf vor, bei dem einzig und allein die Abbruchbedingung vergessen wurde. Denn wie oben bereits hervorgehoben, darf im Algorithmus A die Entscheidung, ob A** angewendet auf A** stoppt, nicht dadurch gefällt werden, daß die Prozedur A** erneut aufgerufen wird. Vielmehr muß die Frage auf irgendeine andere (algorithmische) Weise gelöst werden. Da nur zwei ausschließend-alternative Antworten möglich sind, denken wir beide bis zum Ende durch: **ABB.4.11** bis **4.13** !
Damit führen aber sowohl Variante 1 als auch Variante 2 zu einem Widerspruch; denn wie der weitere Ablauf zeigt, stoppt A** in Variante 1 doch nicht wie angenommen, und in Variante 2 verhält es sich genau umgekehrt. Damit ist die Annahme der Existenz der Prozedur A** widerlegt. Dies hat jedoch zur Folge, daß auch die Annahme der Existenz der Algorithmen A* und A verworfen werden muß.
Q.e.d.

ABB.4.11a Variante 1 : A ermittelt, daß A** angewendet auf A**
stoppt

ABB.4.11b Variante 2 : A ermittelt, daß A** angewendet auf A**
nicht stoppt

Nun können sukzessive A* und A** fortgesetzt werden:

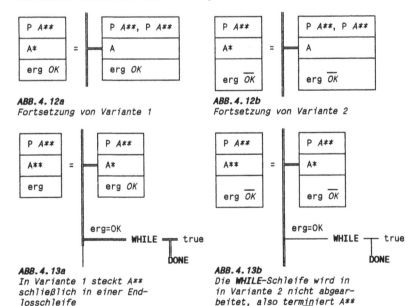

ABB.4.12a
Fortsetzung von Variante 1

ABB.4.12b
Fortsetzung von Variante 2

ABB.4.13a
In Variante 1 steckt A**
schließlich in einer End-
losschleife

ABB.4.13b
Die **WHILE**-Schleife wird in
in Variante 2 nicht abgearbeitet, also terminiert A**
mit dem Ergebnis OK

Zusammenfassend bin ich der Auffassung, daß das Halteproblem kaum besser methodisch aufgearbeitet werden kann, als vorstehend mit Hilfe der Struktografik beschrieben. Daß die struktografische Unterstützung des Entwurfs wohl-

strukturierter Algorithmen sehr viel weiter trägt, als am Beispiel des Halte-
problems verdeutlicht werden konnte, macht die Bemerkung eines Schülers deutlich, der nach dem Durcharbeiten der Fachliteratur für ein Referat über Soft-
ware-Engineering den in der Literatur anzutreffenden Kriterienkatalog <25>
mit den Worten kommentierte: *"Wozu brauchen wir diese Methoden überhaupt
noch, wir haben doch die Struktografik."*

Reinhard Buchholz, Dirschauer Weg 14 A, 4100 Duisburg 26

Anmerkungen, Literaturhinweise

<> Die ABB.2.1/2.2 entstammen dem unveröffentlichen Vorentwurf des Kollegen
Martens. ABB.2.3/5 entstanden in Informatikkursen der Klasse 10 des Mercator-
Gymnasiums.

<1> R. Baumann, Programmieren mit PASCAL, Würzburg 1982, 2.A., S.110ff

<2> Die Frage - vor aller Programmentwicklung - "Welche Türen werden wohl
schließlich offen stehen?" beantwortet der 14jährige Tobias H. im Differen-
zierungskurs Informatik der neunten Klasse so: "Es müssen alle Türen offen
stehen, deren Nummern eine ungerade Anzahl von Teilern haben." (KN)

<3> L.H.Klingen/A.Otto, Computereinsatz im Unterricht, Stuttgart 1986, S.15

<4> R.Hahn, "Diskussionsbeitrag", in log in, Heft 2/1979, S.12 - 13, hier:
S.12

<5> D.Baacke, Die 13- bis 18jährigen, 4.A., Weinheim-Basel 1985, S.87

<6> H.Speth, Das Unterrichtsverfahren im Wirtschaftslehre-Unterricht und der
Methodenwechsel als Unterrichtsgrundsatz, 3.A., Rinteln   1979, S.59

<7> Der Niedersächsische Kultusminister, Bestandsaufnahme und Schulberatung
in den Klassen 7 - 10 des Gymnasiums, Fachbericht Mathematik, S.30

<8> H.Speth/R.Nußbaum, Die sozialen und anthropogenen Rahmenbedingungen und
ihr Einfluß auf den Wirtschaftslehre-Unterricht, 2.A., Rinteln 1979, S.23f

<9> G.Mietzel, Pädagogische Psychologie, 2.A., Göttingen 1975, S.267

<10> G.Kleining/H.Moore, Soziale Selbsteinstufung. Ein Instrument zur Messung
sozialer Schichten, in: Kölner Zeitschrift für Soziologie und Sozialpsycholo-
gie, 20.Jg., S.502-552, hier insbesondere: S.504

<11> C.Kaune, Kognitive Strategien beim Umgang mit Algorithmen, in: H.-
G.Steiner (Hrsg.), Grundfragen der Entwicklung mathematischer Fähigkeiten,
Köln 1986, S.193 - 202, hier: S.197

<12> K.Heller/H.Nickel/W.Neugebauer, Psychologie in der Erziehungswissen-
schaft, Bd.1, 2.A., Stuttgart 1978, S.158

<13> M.G.Wessels [Übersetzung J.Gerstemaier], Kognitive Psychologie, New York
1984, S.341

<14> <13>, S.228ff

<15> H.Kautschitsch, Bilder im Mathematikunterricht, in: MU, 33.Jg., 1987, S.37 - 48, hier: S.38f

<16> <13>, S.81ff

<17> <13>, S.228

<18> Siehe W.Jordan/D.Sahlmann/H.Urban, Strukturierte Programmierung, 2.A., Berlin-Heidelberg-New York 1984, S.13

<19> S.Simonyi, in: W.Lammers [Übersetzung B.Ortmann/A.Schneidel-Warnest], Faszination Programmieren, Haar 1987, S.17

<20> N.Wirth, Algorithmen und Datenstrukturen, Stuttgart 1975, Kap. 3.4.1

<21> Die Methode der Struktorgrafik wird am Mercator-Gymnasium in Duisburg seit nunmehr sechs Jahren im Informatikunterricht eingesetzt, - im Differenzierungsbereich der Klassen 9 und 10 so gut wie in den Informatikkursen (GK, LK) der Sekundarstufe II.

<22> Es macht gewiß keine Schwierigkeit, einen solchen Algorithmus zu finden, der auf eine bestimmte Programmform oder auf bestimmte Eingabedaten zugeschnitten ist. Hier geht es jedoch darum, einen Algorithmus zu finden, der zu *jedem* Programm bei *beliebigen* Eingabedaten diese Entscheidung herbeiführt. Weiterhin sei betont, daß A selbst *in jedem Fall* terminieren muß, da vorausgesetzt wird, daß es sich bei A um einen Algorithmus, eine konkludierende Prozedur handelt.

<23> Dieses Beispiel hinkt insofern ein wenig, da einerseits das Programm in Maschinensprache und andererseits in einer Hochsprache vorliegt.

<24> Vgl. K.-D. Graf (Hrsg), Computer in der Schule 2, Stuttgart 1988, S.272

<25.1> Eckbert Hering, Software-Engineering, Braunschweig/Wiesbaden 1984, S.8 (Lit)

<25.2> H.Balzer, Die Entwicklung von Software-Systemen, Mannheim/Wien/Zürich 1982, Kap. 2.1, Allgemeine Prinzipien, Kap. 2.2, Allgemeine Methoden, Kap. 2.4, Die Definitionsphase

<25.3> F.Stetter, Software-Technologie, 4.A., Mannhein/Wien/Zürich 1987, Kap. 4.2, Einige Top-down-Verfahren

Danksagung
Ich danke allen Kollegen, die ihre Erfahrungen im Umgang mit der Struktografik für diese Veröffentlichung zur Verfügung gestellt haben. KN

Stud.Dir. W. Krücken
Zeppenheimer Str. 9
4000 Düsseldorf 31

Der Bildungskern der Informatik

Immo O. Kerner

Pädagogische Hochschule Dresden
Institut für Informatik und ihre Didaktik

Vorbemerkung

Als Begründung für das Einführen des Unterrichtsfaches INFORMATIK
in den Fächerkanon der allgemeinbildenden Schule oder auch nur
für die Integration einzelner Bestandteile der Informatik in
andere Fächer, sogenannte Leitfächer (z.B. Mathematik, Deutsch,
Technik, Sozialwissenschaften), wird oft gesagt, daß die Informatik in ihren Auswirkungen jeden Bürger sowohl im beruflichen als
auch im privaten Bereich immer stärker erreicht und berührt. Die
Konsequenz, nämlich das Einführen der Informatik, ist für uns
Informatiker zwar erfreulich, jedoch ist die genannte Begründung
nicht so recht zugkräftig. Es gibt ja viele Dinge, die den Bürger
eng und stark tangieren aber doch nicht in die Einführung eines
neuen Faches in der Schule mündeten. Das gilt beispielsweise für
Bestandteile des Verkehrswesens (Auto, Flugzeug und Eisenbahn),
für die Nachrichten- und Informationskommunikation (Telefon,
Fernsehen, Rundfunk, Teletext) u.a.m. Diese Techniken haben unser
Leben in der menschlichen Gemeinschaft und Gesellschaft in den
letzten 150 Jahren sehr deutlich beeinflußt und verändert, aber
ein Schulfach ist daraus nicht entstanden. Was aber sind die
tiefer liegenden Gründe für das Einführen eines neuen Faches?
Schließlich ist dies ja schon öfter vorgekommen. Besonders deutlich wurde es im Bereich der Naturwissenschaften und mit der
Mathematik. Immer dann, wenn ein Wissenszweig sich besonders
stark entwickelte, sein Einfluß auf das gesamte Leben so stark
wurde, daß ein entsprechender Anteil an der Allgemeinbildung
unverzichtbar wurde, kam es zur Einführung eines neuen Faches,
oft unter Abtrennung von einem bisherigen, das bis zu diesem
Zeitpunkt die zugehörigen Bildungsanteile vermittelte. Der äußere
Anlaß war dabei oft die Erfindung einer neuen Maschine, einer
neuen Technik, eines neuen Verfahrens. Es wurde dann nicht etwa
diese neue Maschine, die neue Technik oder das neue Verfahren in
den Schulstoff als neues Fach integriert, sondern vielmehr die
zentralen Wirkprinzipien dieser Dinge.

Drei Typen von Maschinen

Die Menschheit hat sich im Verlauf ihrer Geschichte drei wesentliche Typen von Maschinen geschaffen, die das Arbeiten erleich-
terten bzw. manche Arbeiten überhaupt erst durchführbar machten:

Kraft- bzw. Energie-wandelnde Maschinen
     Die Ursprünge sind als Hebel, schiefe Ebene, lose und feste
Rolle bereits im Altertum bekannt. Moderne Maschinen dieser
Art sind die Dampfmaschine, der Ottomotor, Elektromotor und
Generator. Die tragende Wissenschaft und das entsprechende
Schulfach ist die Physik.

Stoff-wandelnde Maschinen
     Die Ursprünge im Altertum sind die Geräte und Verfahren zum
Garen von Speisen (Kochen, Backen), für die alkoholische
Gärung, zum Färben und zur Herstellung von Giften bzw. Heil-
mitteln. Das beobachtet man noch heute bei primitiven Natur-

völkern. Moderne industrielle Großanlagen in der Stoffwandlung sind die der Petrochemie und der Pharmazie, um nur zwei Beispiele zu nennen. Die tragende Wissenschaft und das entsprechende Schulfach ist natürlich die Chemie.

Informationen-wandelnde Maschinen

Auch hier findet man bereits erste Geräte und Verfahren im Altertum. Es sind die verschiedensten Schriften und Zeichen zum Festhalten von Informationen. Beim Transport der Schriftträger werden zugleich die codierten Nachrichten oder Informationen übertragen. Nachrichten oder Informationen wurden aber auch bereits optisch (Rauch- und Feuerzeichen) oder akustisch (Trommeln) übertragen. Moderne Maschinen sind alle Geräte der Telekommunikation und der Computer. Die tragende Wissenschaft und nun eben auch das entsprechende Schulfach ist die Informatik.

Man wird sich fragen: Wieso eigentlich entstand die Informatik derart spät, wenn doch schon so lange informatische Prozesse von den Menschen durchgeführt wurden? Dieselbe entsprechende Fragestellung gilt aber auch für die Physik und die Chemie. Es bedurfte immer einer besonders einschneidenden Erfindung mit großer oder starker Wirkung für die menschliche Gesellschaft. Bei der Informatik war das eben der Computer, so daß beispielsweise in Amerika diese neue Wissenschaft als *computer science* bezeichnet wird. Darauf wird noch zurückzukommen sein. Zuvor wurden viele Geräte der Telekommunikation infolge der verwendeten physikalischen Grundlagen in der Physik behandelt. Die von ihnen ebenfalls durchgeführten informatischen Prozesse blieben dabei weitgehend unberücksichtigt. Allerdings gaben sie Anlaß zur Entstehung der *Informationstheorie*, die sich u.a. mit der optimalen Codierung von Nachrichten insbesondere auch in gestörten Kanälen befaßt.

Quellen der Informatik

Bevor wir uns dem zentralen Wirkprinzip der Computer zuwenden, müssen noch einige tiefer liegende Quellen der Informatik aufgedeckt werden; denn nicht nur und nicht erst beim Menschen bzw. in der menschlichen Gesellschaft gibt es informatische Prozesse. Betrachtet man die evolutionäre Hierarchie der Lebewesen, insbesondere natürlich das Tierreich, so findet man zahlreiche informatische Vorgänge bereits in den dem Menschen vorgeordneten Stufen. Es werden Signale abgegeben und empfangen bei Gefahr, zur Reviermarkierung, zur Anzeige von Futterquellen, beim Paarungs- und Brutverhalten. Diese Signale mit Informationscharakter werden optisch (Farbe und Bewegung), akustisch und auch chemisch (Duftstoffe) abgesetzt. Ein besonders markantes Beispiel ist der Informationstanz der eine ergiebige Tracht anzeigenden Bienen. Richtung und Entfernung der Trachtquelle werden auf recht komplizierte Weise durch Bewegungen codiert. In den Beispielen ist das Informationsverhalten in den Grundzügen vererbt, es können aber auch regionale Unterschiede in verschiedenen Populationsgruppen derselben Art auftreten, die dann anders vermittelt und weitergegeben werden, nämlich durch Lehren und Lernen. Dabei findet schon wieder eine viel kompliziertere Informationsverarbeitung als bei der einfachen Signalübertragung statt. Beispiele dafür sind Elemente des Jagdverhaltens (ein von Menschen aufgezogener Junglöwe ist in freier Wildbahn zunächst einmal hilflos), regionale Lied-

varianten bei Singvögeln und die Unterscheidung von freßbar oder
nicht.
Man kann also bei der Informationsweitergabe von Eltern an
die Nachkommen zwischen einer genetischen und einer außergeneti-
schen unterscheiden. Bei der genetischen werden die Gene der
Eltern so kombiniert, daß immer wieder neuartige Individuen entstehen. Bei der Züchtung und auch bei der natürlichen Auslese
wird das evolutionär wirksam. Aber auch durch äußere Einflüsse
können die in den Genen enthaltenen Informationen verändert werden, Mutation. In den Genen sind schließlich Ort und Art aller
Zellen (hardware) aber auch die grundlegenden Verhaltensprogramme
(software) eines Lebewesens gespeichert. Die notwendige Informat-
ionsmenge ist so gewaltig, daß kaum eine statische sondern vielmehr eine generative Speicherung vermutet werden kann. Wie bei
formalen Sprachen und ihren Grammatiken werden nicht die Erzeug-
nisse, nämlich die Wörter, sondern vielmehr die Regeln zum Erzeugen gespeichert. Aus einer endlichen Regelmenge können unendlich
viele Individuen erzeugt werden.
Die außergenetische Informationsweitergabe findet man ab bestimmter Entwicklungsstufe gewiß aber schon im Tierreich. Das wurde in
einigen Beispielen bereits genannt. Insbesondere beim Lehren und
Lernen gibt es nicht nur eine einfache Informationsübertragung,
sondern man kann das Verdichten, Auswählen, Wiederfinden von
Informationen und sogar mehr oder minder logisches Schließen auf
der Basis vorhandener Informationen erkennen. Die Kette der au-
ßergenetischen Informationsweitergabe darf über die Generationen
hin nicht abreißen, sonst geht die Information verloren. Hier
wird jedenfalls beim Menschen ein kulturell-gesellschaftlicher
Aspekt der Information bzw. der Informatik erkennbar. Das Zusam-
menleben einer Gesellschaft wird durch Vorschriften und Regeln
juristischer und moralischer Art geregelt. Die Gesamtheit dieser
Regeln ist bestimmend für eine Kultur. Ferner gibt es immer eine
Gesamtheit kollektiven Wissens, das deutlich die Fähigkeit eines
Einzelnen übersteigt.Die Gesellschaft oder der Kulturkreis spei-
chert die Informationen darüber sowohl statisch in unbelebten
Datenträgern (z.B. Bibliotheken), sobald eine gewisse höhere
Entwicklungsstufe erreicht wurde, wie auch in lebenden (Wissen-
schaftlern, Lehrern, Fachleuten aller Art). Diese Informations-
träger einer Kultur genießen zumeist hohes Ansehen und haben eine
höhere gesellschaftliche Position. Bereits bei einfachen Formen
der menschlichen Vergesellschaftung kann das bei Medizinmännern,
Priestern usw. festgestellt werden. Beim Untergang einer Kultur
gehen gewöhnlich alle diese Information verloren, oder wenn die
Informationen verloren gehen, geht die Kultur unter (Ägypter,
Maya, Inka). Eroberer und Unterdrücker vernichten darum sehr bald
diese unbelebten oder lebenden Informationsträger.
An dieser Stelle kann eine uns stark berührende Problematik der
Informationsübermittlung an unsere Nachfahren über zehntausend
Jahre hinweg erwähnt werden. Wir mußten jetzt Atommüllager mit
radioaktiven Substanzen militärischen Charakters von dieser Halb-
wertzeit einrichten. Das Betreten ist also noch in zehntausend
Jahren gefährlich bis tödlich. Der zeitliche Abstand entspricht
dem Abstand der Bronzezeit zur Gegenwart. In solchen Zeiträumen
zerfallen alle materiellen Datenträger. Auch aus der Bronzezeit
sind keine auf uns überkommen. Es können sogar Klimaänderungen
eintreten. Vielleicht wird Europa dann gerade wieder besiedelt.

Wir haben die moralische Verpflichtung, unsere Nachkommen zu
warnen. Der sichtbare Weg dazu ist eine Codierung über Gene. Die
bleiben über diese Zeiträume weitgehend stabil. Der Hund der
Bronzezeit ist doch identisch mit dem Hund der Gegenwart. Man
züchtet also eine Hunderasse, die radioaktive Strahlung anzeigt
und rechnet damit, daß solche Hunde bei Erkundungs- und Erschlie-
ßungsarbeiten eingesetzt werden.
Wenn im Tierreich in entsprechend höherer Entwicklungsstufe offensichtlich außergenetische informatische Prozesse eine wichtige
Rolle spielen, erhebt sich sofort die Frage, ob das nicht doch
auch in den niedereren Stufen der Fall ist, und ob nicht auch im
Pflanzenreich derartige Prozesse zu finden sind. Sind vielleicht
chemische, physikalische oder auch andere Reize schon Informationsträger?
Es sei auch die Frage erlaubt, ob nicht sogar in der unbelebten
Natur überall dort zumindest, wo sich Ordnungsstrukturen bilden
(Kristalle, Planetensysteme, Neubildung von Sternen, Atom- und
Molekülstrukturen, also im Makro- und im Mikrokosmos), wo also
eine Entropieabnahme stattfindet, auch Informationsprozesse
stattfinden? Das allerdings würde bejahendenfalls eine vielleicht
sonst ungerechtfertigte Universisalität der Informatik implizie-
ren.

Versuch einer Definition der Informatik

Aus den bisher angeführten Fakten läßt sich vielleicht die folgende Definition ableiten:

> *Informatik ist die Wissenschaft von der Verarbeitung von In-*
> *formationen in Natur, Technik und Gesellschaft.*

Dabei soll *Verarbeitung* wie üblich *Gewinnung, Darstellung, Spei-*
cherung, Umformung, Auswahl, Verdichtung, Auswertung, Übertra-
gung, Weitergabe bedeuten, aber auch die biologische, technische
und gesellschaftliche Realisierung. Da von einer Wissenschaft
gesprochen werden muß, gehört zu allen Aspekten der *Verarbeitung*
auch der entsprechende theoretische Hintergrund. Dazu wird noch
mehr zu sagen sein.
Ohne Zweifel ist es eine diffizile Aufgabe, die Definition einer
Wissenschaft zu formulieren. Wer kann oder wer will schon von den
Mathematikern sagen, was Mathematik eigentlich ist? Gleichwohl
muß man sich ständig um Begriffsklärung bemühen. So gesehen ist
der obige Versuch einer Definition von Natur aus mit Mängeln und
Defiziten belastet. Nach *Aristoteles* (um 350 v.Ch.) und auch nach
Edgar Codd (Relationale Datenbasen 1971) findet die Definition
eines Dinges oder eines Sachverhaltes mittels der Zuordnung von
Attributen und Relationen zu anderen Dingen oder Sachverhalten
statt. In diesem Sinn ist der Definitionsversuch ein Beitrag.
Ferner soll mit der gegebenen Definition eine deutliche Abgren-
zung gegenüber der weit verbreiteten Ansicht gesetzt werden, die
Informatik sei die Wissenschaft lediglich von der technischen
Verarbeitung der Informationen. Es wird zwar diese Auffassung
stark unterstützt von dem in Amerika üblichen Namen *computer*
science für Informatik, jedoch entsteht dabei sofort ein ganz
merkwürdiges Mißverhältnis zwischen realen Prozessen der Informationsverarbeitung und ihrer technisch unterstützten Modellierung.
Informatik und Computer erlauben anerkanntermaßen die Rationali-
sierung mentaler Routinen, angefangen von deren Beschleunigung

über deren sichere Durchführung bis zur Durchführbarkeit überhaupt erst einmal schlechthin. Nun soll also der mental-geistige Ursprungsprozeß keine Informatik sein, während sein technisch realisiertes Modell Informatik ist?

Der Bildungskern der Informatik

Es wurde schon gesagt, daß es die zentralen Wirkprinzipien sind, die aus den einzelnen Wissenschaften und den entsprechenden Unterrichtsfächern in allgemeinbildenden Schulen vermittelt werden. Außerdem muß die Bedingung eines starken Einflusses auf das allgemeine Leben in Freizeit und Beruf gegeben sein. Man muß wohl noch dazu rechnen, daß auch der Abbau sonst vorhandener unwissenschaftlicher oder sogar falscher Vorstellungen über unsere Welt im weitesten Sinn ein starker Grund sein kann, Sachverhalte aus den einzelnen Wissenschaften in die Allgemeinbildung zu integrieren. Beispielsweise ist es weder für unsere Freizeit noch für die meisten aller Berufe von irgend einer Bedeutung, ob die Erde um die Sonne kreist oder umgekehrt. Da aber es nun einmal so ist, daß ersteres richtig ist, obwohl die tägliche Anschauung das Gegenteil zu demonstrieren scheint, sollte jeder gebildete Mensch das auch wissen.

Beim Verkehrswesen, oder auch nur bei der Lokomotive (Dampfmaschine, Dieselmotor, Elektromotor), wurden die Antriebsmaschinen als zentrales physikalisches Wirkprinzip bereits erkannt. Weiter wird sogar bei diesen für die Allgemeinbildung nicht etwa mit dem Ziel Motorenschlosser berufsbildend unterrichtet, sondern es wird weiter abstrahiert und auf den physikalischen Bildungskern dieser Maschinen reduziert. Es ist heute anerkannt, daß das Prinzip der Ventilsteuerung der Dampfmaschine, die zwei oder vier Takte im Verbrennungsmotor, das elektromagnetische Feldwirken im Elektromotor zum Wissen eines allgemein gut gebildeten Menschen in diesem Jahrhundert und in unserem Kulturkreis gehören.

Was ist denn nun das zentrale Wirkprinzip der Computer? Nach dem Beispiel *Lokomotive:Antriebsaggregat* oder *Auto:Motor* kann man sehr leicht zu der Antwort *Mikroprozessor* oder *Mikroelektronik* verleitet werden. Da es aber schon vor der Mikroelektronik auch Computer auf der technischnen Basis der Relais, der Elektronenröhren, der Magnetkerne (Magnetringe) und der Transistoren (in nicht integrierten Schaltungen) gab, kann die Mikroelektronik nicht das zentrale Wirkprinzip sein. Man würde dabei sogar auf die Spur einer falschen Schlußkette gesetzt werden, die tatsächlich sogar auch verwendet wurde. In den Schulen der DDR wurde etwa 1982 der elektronische Taschenrechner (ETR) obligatorisch in der Klasse 7 eingesetzt. Da diese Geräte einen mikroelektronischen Schaltkreis besitzen und da sie rechnen, wurden sie fälschlich mit Computern gleichgesetzt (im englischen Sprachgebrauch nennt man sie *calculator*) und voreilig geschlossen, daß zu diesem Zeitpunkt bereits die Informatik in einem gewissen Anfangsgrad in den Schulen Einzug hielt. Tatsächlich fand dies erst fünf Jahre später statt, und dann auch erst in der Klassenstufe 11. Taschenrechner sind keine Computer, weil ihnen gerade das zentrale Wirkprinzip *Programmierbarkeit* fehlt (abgesehen von der inzwischen zeitlich überholten Stufe der programmierbaren Taschenrechner).

Dieses zentrale Wirkprinzip der Computer zeichnet diesen dritten Maschinentyp (s.o.) nicht nur wegen der Auswechselbarkeit der Programme aus. Auch bei mechanisch gesteuerten Maschinen können

die Kurvenscheiben oder die Steuerlochkarten (Jacquard) ausge-
wechselt werden. Die Programme stellen selbst Informationen dar
und können sowohl neben der Rolle des Subjekts auch die Rolle des
Objekts der Informationsverarbeitung einnehmen. Sie können sogar
sich selbst bearbeiten. Dadurch wird bei diesem Typ von Maschinen
eine innewohnende Rekursivität gegeben, die kein anderer Maschinentyp bisher hatte, und die mit Sicherheit die Hauptursache für
die ungeheure Vielfalt des Einsatzes und der Einsetzbarkeit bildet.
Man darf nun *Programmierbarkeit* nicht zu eng sehen und nur an das
imperative Programmierparadigma im Stil von BASIC oder PASCAL
denken. Programmierbarkeit soll auch die Paradigmen des funktionalen (LOGO, LISP), des logischen (PROLOG) und des objektorientierten (SMALLTALK) Programmierens mit allen dabei auftretenden
Besonderheiten einschließen. Beispielsweise ist die soeben stark
hervorgehobene Rekursivität oder Selbstanwendbarkeit gerade bei
den genannten imperativen Sprachen gegenüber dem ebenfalls imperativen Maschinen- oder Assemblersprachen verloren gegangen. Bei
den funktionalen Sprachen bildet sie gerade wieder ein Hauptmerk-
mal, weil bei diesen die sonst vorhanden Polarität zwischen *Programm* (Subjekt) und *Daten* (Objekt) weitgehend aufgehoben wird.

Programmierung und Einstieg in die Informatik

Bekanntlich gibt es wenigstens drei unterschiedliche Einstiegs-
möglichkeiten für einen Schulunterricht in Informatik:
- nach dem auf Algorithmen bezogenen Aspekt
- nach dem auf Anwendungen bezogenen Aspekt
- nach dem kulturell-gesellschaftlichen Aspekt.
Die Unterschiede dürften eigentlich nach den bisherigen Ausfüh-
rungen bereits einigermaßen geklärt sein. Alle drei Aspekte sind
durchaus möglich und realisierbar. Beispielsweise wird in einigen
Ländern der Bundesrepublik Deutschland nach dem auf Anwendungen
bezogenen Aspekt verfahren. Das bekannte Schulbuch vom Verlag
Metzler [1] fängt mit der Problematik an "Ein Autohaus stellt die
Verwaltung auf elektronische Datenverarbeitung (EDV) um". Es
werden dann sehr schnell Anwendersysteme zur Textbearbeitung und
zur Dateibearbeitung einführend in den Unterricht aufgenommen.
Natürlich spielen dann ebenso schnell kulturell-gesellschaftliche
Aspekte (Sicherheit des Arbeitsplatzes, berufliche Umschulung,
Datenschutz) im Unterricht eine Rolle.
Verwendet man sehr konsequent den auf Anwendungen bezogenen Ein-
stieg, d.h. vermittelt man Einblicke in die Nutzersysteme zur
- Textbearbeitung
- Dateibearbeitung
- Tabellenkalkulation
- Grafikbearbeitung
- Robotersteuerung,
so wird man doch außer den sich daraus unmittelbar ergebenden
Bezügen zum kulturell-gesellschaftlichen Aspekt an vielen Stel-
len auf den algorithmischen Aspekt geführt. Besonders deutlich
wird das bei der Tabellenkalkulation, der Dateibearbeitung und
der Robotersteuerung. Dabei muß man wenigstens die Anfangskennt-
nisse einer imperativen Programmiersprache mit den wichtigsten
Steuerstrukturen (Sequenz, Zyklus, Verzweigung, Substitution)
erwerben. Bei der Text- und Grafikbearbeitung wird man weitgehend
mit einer Menü- oder Kommandosteuerung auskommen, wodurch der
Algorithmenaspekt verdeckt werden kann. In dem Schulbuch [1] wird

das dann auch deutlich. Nach dem Einstieg wird die Programmierung
über die Sprache PASCAL vermittelt.
In der DDR wurde 1987/88 über mehrere Erpobungsstufen ein Lehrplan für den Informatikunterricht in der Klasse 11 entwickelt.
Bei diesem Lehrplan [4] wurde als Einstieg der Algorithmenaspekt
gewählt. Als Programmierparadigma mußte aus Gründen der verfügbaren
Computertechnik (Bildungscomputer BIC A 5105 mit 8-bit Prozessor) der imperative Typ gewählt werden. In den Schulen wurde
erst einmal auf BASIC (genauer RBASIC bzw. Robotron-BASIC, einer
Variante von MSX-BASIC) orientiert, obwohl wegen eines zweiten
verfügbaren Betriebssystems (CP/M, in der DDR als SCP bekannt)
auch TURBO-PASCAL (in der DDR als TPASCAL bekannt) möglich gewesen wäre. Jedoch wären dabei Lizenzprobleme nicht auszuschließen
gewesen. Dem Anwendungsaspekt Rechnung tragend, sind sowohl im
Lehrplan als auch im danach entwickelten Lehrbuch [5] und dem
zugehörigen methodischen Empfehlungen [6] Einführungen in die
Text- und Dateibearbeitung enthalten, die sich sogar auf entsprechende Nutzersysteme stützen können. Bezüglich der Grafik und der
Prozeßsteuerung (oder gar Robotik) waren die technisch bedingten
Grenzen einschneidender. Aber es wird informativ bzw. über eine
Simulation auch etwas praktisch behandelt. Lediglich zur Tabellenkalkulation fanden wir keinen Zugang, der uns für einen Unter-
richts- oder Stoffanteil hätte befriedigen können. Es ist klar,
daß bei der Behandlung des Anwendungsaspekts sich vielfältig
Ansatzpunkte für den kulturell-gesellschaftlichen Aspekt ableiten
lassen und sich sogar zwangsläufig ergeben.
Wohl lediglich im kanadischen Schulsystem wird der kulturell-
gesellschaftliche Aspekt als Einstiegsvariante gewählt. Eine
Zusammenstellung oder ein kurzer Überblick zu den Teilgebieten
wäre etwa
        - Informationsflüsse in der Gesellschaft
        - Kommunikationssysteme
        - Informationssysteme und Arbeitswelt
        - Datenschutz und Datensicherheit.
Aber es dürfte sich dann bald ein Übergang zum Anwendungsaspekt
erforderlich machen, wo dann wiederum der algorithmische Aspekt
sich anschließen würde.
Man kann also abschließend sagen, es ist wohl mehr oder weniger
gleichgültig und fast eine Sache des persönlichen Geschmacks
bzw. der Schwerpunktsetzung, welchen Einstiegsaspekt man für den
Schulunterricht wählt. Behandelt werden müßten wegen des Beitrags
zur Allgemeinbildung alle drei Aspekte. Die Übergangsmöglichkei-
ten wurden andeutungsweise genannt.
Bei der Behandlung oder Diskussion zur Frage der Einstiegsvariante in den Informatikunterricht entsteht auch sofort die Frage
nach der Verselbständigung als Fach oder der Integration in andere sogenannte *Leitfächer* (Mathematik, Naturwissenschaften, Technik, Sozialwissenschaften), deren Curricula dann Informatikantei-
le enthalten und deren Lehrer eben diese Anteile auch unterrich-
ten können. Beide Varianten werden praktiziert, wobei nach einer
OECD-Studie [7] der erstgenannten der Vorzug zu geben wäre. Beispielsweise verfahren die Niederlande und auch England u.a. auf
diese Weise, während viele Länder der Bundesrepublik Deutschland
den zweiten Weg bevorzugen. Bei einer Integration der *informationstechnischen Grundbildung (ITG)* in mehrere Leitfächer gehen wesentliche Merkmale einer informatischen Allgemeinbildung verloren. Viele Lehrer der betreffenden Fächer beherrschen diese
Stoffanteile nicht. Bei der weitgehenden Freiheit der Unter-

richtsgestaltung durch Lehrer und Schüler (Wahlfächer) werden
diese informatischen Anteile der Curricula bzw. die sie enthal-
tenden Fächer abgewählt. Die erwähnte OECD-Studie stuft deshalb
wohl auch die zweite Variante (Leitfächer) als weniger günstig
ein.

Informatik versus computer science

Bereits zweimal in diesem Text wurde auf die unterschiedliche
Namenswahl im europäischen und im amerikanischen Raum verwiesen.
Es darf wohl als glücklicher oder gut durchdachter Fall betrachtet werden, daß wir in Europa mit dem Namen einen Sachverhalt
beschreiben, der sich doch von dem mehr technisch orientierten
amerikanischen Namen abhebt und den Inhalt besser reflektiert.
Ich traf auf internationalen Kongressen amerikanische Lehrer, die
noch niemals den Namen *Informatik* gehört hatten und mit ihm einfach keine Vorstellung verbinden konnten. Der Name *computer science* impliziert in der Tat eine vielleicht nicht immer bewußt
werdende höhere Bewichtung des technischen Aspekts der Informatik. Das kann bis auf die Unterrichtsgestaltung in der allgemeinbildenden Schule wirken. Der logische und dann auch technische
Aufbau von informatischen Grundschaltungen vermittelt Schülern
recht schnell Erfolgserlebnisse und ist als Unterrichtsinhalt
beliebt. Daraus wird dann als nächste Einstiegsstufe der komplexe
Schaltkreis des Mikroprozessors abgeleitet. Die Programmierung
beginnt also wie in der historischen Entwicklung mit dem Maschi-
nencode des Mikroprozessors, allenfalls mit dem Assemblerniveau.
Der technische Einsatz von Computern als Steuer- und als Regelge-
rät in komplexeren Prozessen wird mitunter als dominierend angesehen. Schließlich entsteht auf diese Weise ein verbogenes Bild
von der Informatik als nur technisch bzw. computerbezogene Wissenschaft.
Natürlich kann man argumentieren "nehmt der Informatik den
Computer weg und sie ist das, was sie immer war - offenbar also
nichts oder fast nichts". Aber dieses Wegnehmen ist eine rein
gedankliche Konstruktion und natürlich praktisch unmöglich. Außerdem sind jetzt schon so viele Wirkungen auch auf das Denken
und Handeln der Menschen zu verzeichnen, daß ein Wegnehmen des
Computers nicht mehr den vorherigen Zustand wieder entstehen
läßt.

Theorie der Informatik und ihr Beitrag zur Allgemeinbildung

Zur Informatik gehört wie zu jeder Wissenschaft ein gewisser
Theorieinhalt. Was bliebe wohl von den Fächern Physik, Chemie,
Mathematik und selbst Sprachen ohne die Theorie beispielsweise zu
den Bewegungsgesetzen, den Reaktionsgesetzen (Redox-Gleichungen),
der Beweistechnik und schließlich zu den Grammatiken?
Aus der Theorie der Informatik muß für die Allgemeinbildung ein
solcher Anteil gewählt werden, der deutliche Bezüge zur Praxis
hat. Es muß dabei deutlich werden, daß mit der Theorie gewisse
Wirkungen (und auch Nichtwirkungen) der Informatik erklärbar
werden, daß der Hintergrund des Computereinsatzes bzw. beim Computereinsatz aufgehellt wird.
Fragen
    - Wie macht das der Computer?
    - Wieso kann das der Computer?
    - Was kann denn der Computer noch alles?

- Was kann der Computer nicht?
- Wie mißt man die Effizienz von informatischen Prozessen?
- Wie können informatische Prozesse effizienter gemacht werden?
- Wo noch findet man informatische Prozesse?

u.a. müssen beantwortbar gemacht werden.

Unter solchen allgemeinbildenden Aspekten wären aus dem weiten Feld der Theorie zur Informatik Bestandteile aus den folgenden Gebieten anzubieten und vor allem, was keine einfache Aufgabe ist, inhaltlich überzeugend und unterrichtsgerecht aufzubereiten:

- Theorie der Algorithmen
- Theorie der Automaten
- Theorie der formalen Sprachen
- Theorie der effizienten Algorithmen (Komplexitätstheorie).

Beispielsweise kann in der Verbindung zwischen den Theorien der Algorithmen und der Automaten erklärt und verstehbar gemacht werden (Turing-Maschine), daß es Problemstellungen gibt, welche algorithmisch, d.h. mit Automaten, nicht lösbar sind. Das sind wohlgemerkt praxisrelevante Fragestellungen; denn es ist durchaus von großem Interesse einen Algorithmus zu besitzen, der von beliebigen Algorithmen (auch von sich selbst) prüft, ob sie korrekt oder wenigstens schon frei von unendlichen Zyklen sind. Wer hat nicht schon vor einem arbeitenden Programm gesessen und auf das Resultat gewartet, nicht wissend, ob sich das Programm in einem Endloszyklus befindet oder ob weiteres Warten sich lohnt. Fragen, die nicht aus der Welt der Algorithmen und Automaten stammen, lassen sich natürlich meist nicht mit Automaten bearbeiten. Aber eine solche Frage wie die oben genannte stammt aus dieser Welt.

Eigentlich ist eine bekannte Erfahrung, daß gewisse Aufgaben unter Beachtung verfügbarer Hilfsmittel nicht gelöst werden können. Gerade in der Mathematik wird darauf auch schon im allgemeinbildenden Unterricht wiederholt verwiesen. Beispiele sind die Unmöglichkeit der Würfelverdopplung oder Winkeldreiteilung mit Zirkel und Lineal, die Unmöglichkeit der Darstellung von Wurzel aus 2 mit rationalen Zahlen. Natürlich können der Würfel verdoppelt, der dritte Teil eines Winkels oder die Wurzel aus 2 berechnet werden, aber eben mit erweiterten Hilfsmitteln. Das wird auch in der Schule behandelt.

Anders ist die Lage beim Beispiel der algebraischen Gleichungen. In der Schule werden die lineare Gleichung und die quadratische Gleichung behandelt. Dann bricht der Schulunterricht kommentarlos ab, so daß beim Schüler der Eindruck entsteht - und nicht abgebaut oder verhindert wird, daß derartige Formeln mit Wurzelausdrücken auch für kubische und für Gleichungen beliebig hohen Grades existieren, lediglich im Schulunterricht nicht vermittelt werden. Wir wissen dank GALOIS und ABEL seit etwa 1830, daß dies ab 5. Grad allgemein nicht der Fall ist. Jedoch können die existenten Lösungen mit Algorithmen genau oder beliebig genau bestimmt werden. So erweisen sich Algorithmen als die gegenwärtig stärksten Hilfsmittel. Der Informatikunterricht hat nun die Chance, auch die beschränkte Möglichkeit dieses starken Instruments aufzuzeigen.

In der Verbindung zwischen den Theorien der formalen Sprachen und der Automaten kann beim Analyse- oder Parserproblem erklärt werden, wie es eigentlich kommt, daß der PASCAL-Compiler Ort und Art eines Fehlers im Programm anzeigen kann. Ebenso kann gezeigt und plausibel gemacht werden, daß nicht in allen Fällen diese Angaben über Ort und Art zutreffen müssen. Ferner gibt es gerade bei der

Theorie der formalen Sprachen mancherlei fachübergreifende Aspekte zum allgemeinen Wissen über Sprachen, einschließlich der Muttersprache.

Bezüglich der Algorithmen ist für die Allgemeinbildung von Bedeutung, daß es neben der prinzipiellen algorithmischen Unlösbarkeit auch eine praktische gibt, nämlich für solche Probleme, deren Algorithmen einen exponentiell mit der Problemgröße ansteigenden Bearbeitungsaufwand (Effizienz) besitzen. Schon bei relativ kleinen Problemgrößen übersteigt dieser Aufwand (Zeit, Speicher) alle verfügbaren oder sogar denkbaren Ressourcen der Gegenwart und aller Zukunft. Bedauerlich ist dabei, daß derartige Probleme gerade oft ökonomische oder ökologische Fragen betreffen, deren Lösung oder Beantwortung für alle essentiell sein kann. Eine Lösung muß also gefunden werden. Dann spielen Näherungen und Algorithmen eine Rolle, die in nicht exponentiell anwachsenden Ressourcenbedarf diese Näherungslösungen finden. Das Problem des Handlungsreisenden (Rundreiseproblem) ist ebenso von dieser Art wie das mit Schülern relativ leicht behandelbare Problem der acht Damen auf dem Schachbrett, die sich nicht wechselseitig bedrohen. Man wird in diesem Zusammenhang auch auf Lösungsstrategien (*Zurückspuren* oder *back-tracking*, *Verzweigen und Begrenzen* oder *branch and bound*) im Unterricht eingehen können, die zwar das exponentielle Verhalten nicht prinzipiell verhindern, sie setzen die Grenze der Bearbeitbarkeit höher setzen. Vielleicht kann man sogar daran denken, die ebenfalls eigentlich für die Allgemeinbildung wesentliche Fragestellung der Problemklassen **P** (lösbar mit Algorithmen von polynomialer Effizienz) und **NP** (nichtdeterministisch polynomial lösbar) und ihrer Bedeutung zu erläutern. Dies würde jedenfalls die Ansichten über Computer und Informatik in der Allgemeinbildung sehr klären helfen und übersteigerte Erwartungen abbauen.

Informatik, Mathematik und Schule

Insbesondere kann ein Fach *Informatik* den Mathematikunterricht sehr beeinflussen. Das gilt sowohl für den Inhalt als auch für die Form. Das Arbeiten mit Algorithmen ist trotz aller Beteuerungen im bisherigen Mathematikunterricht noch unterentwickelt, obwohl der Algorithmus ein starkes Mittel zum Problemlösen darstellt. Allerdings ist das reale effektive Befolgen konstruierter Algorithmen in den meisten Fällen eben erst mit Computerhilfe durchführbar. Weil das so ist, werden beispielsweise im Mathematikunterricht der Schule fast alle Aufgaben statisch mit Formellösungen behandelt, und nur so lösbare Aufgaben werden behandelt. Aufgaben wie z.B. *Sortieren* und *Suchen*, die nur algorithmisch, dynamisch ablaufend bearbeitet werden können, werden trotz ihres mathematisch für die Allgemeinbildung doch bedeutungsvollen Gehalts - auch der Effizienzproblematik - nicht behandelt. Gewissermaßen als Alibi für den Algorithmeneinsatz in dem Mathematikunterricht der Schule werden oft die Konstruktionsbeschreibungen der Geometrie genannt. Aber diesen sequentiellen Abläufen fehlen Wesensbestandteile der Algorithmen, Verzweigungen, Zyklen und Substitutionen (Makro-Konstruktionen als Prozeduren). Auch die ebenso oft genannten Algorithmen der arithmetischen Grundoperationen werden vom Schüler nicht so empfunden. Wir stellen selbst bei Studienanfängern fest, daß sie nicht in der Lage sind, diese Abläufe auf ein anderes Zahlensystem (mit anderer Basis als 10) zu übertragen. Mit algorithmischer Betrachtungs- und Arbeitsweise können im Mathematikunterricht neue Inhalte vermittelt werden. Es kann die Abfolge von Inhalten anders werden. Es können Inhalte in früheren Klassenstufen vermittelt werden. Es dürfte sich sehr lohnen, derartige curriculare Überlegungen anzustellen und zu erproben.

Ein weiterer wesentlicher Bildungsinhalt wird durch das Wecken, Üben und Anwenden rekursiven Denkens gegeben. Einerseits wird berichtet, daß schon zehnjährige Kinder beim Einsatz von LOGO bald recht sicher sind im Einsatz rekursiver Techniken und mit ihren Programmen schöne geometrische Formen erzeugen, andererseits haben wir wieder größere Probleme, bei den Studienanfängern einfachste rekursive Programme zu erklären und ihnen diese Denk- und Arbeitsweise nahe zu bringen. Das deutet doch auf einen weiteren Defizit im Mathematikunterricht.

Ein selbständiger Informatikunterricht wird aber nicht nur im Mathematikunterricht durch algorithmisches Arbeiten (Primzahlalgorithmen, Teilerbestimmung, GGT) unterstützt und vorbereitet, sondern auch im muttersprachlichen Unterricht kann und muß der sichere Umgang mit sprachlichen Konstruktionen der Formen *WENN-DANN-SONST*, *SOLANGE-BIS*, *WIEDERHOLE-N-MAL* eingeprägt werden.

Sicher kann ein selbständiges Fach *Informatik* in der Sekundarstufe 2 auch durch Curriculumanteile in Leitfächern (Mathematik, Naturwissenschaften, Technik, Deutsch, Sozialwissenschaften) ersetzt werden. Das wird ja auch praktiziert. Aber ebenso mit Sicherheit ist das nicht die optimale Lösung, die auch der Bedeutung und dem Gewicht dieser Wissenschaft zukommt. Bei einer Splittung auf Leitfächer werden viele für die Allgemeinbildung bedeutungsvolle Anteile und Beiträge der Informatik verloren gehen und zumindest nicht korrekt eingeordnet werden.

Abschließend noch ein Wort zur Problematik des Einstiegs in die Informatik und geschlechtsspezifisch. Es darf vermutet werden, daß der algorithmisch bezogene Einstieg von Jungen eher als von Mädchen akzeptiert wird. Dagegen werden Mädchen sich eher dem kulturell-gesellschaftlichen Aspekt gegenüber als zugänglich erweisen. Für mich sind das aber, wie schon gesagt, nur Vermutungen, da ich nur Erfahrungen mit prinzipieller und allgemeiner Koedukation in den allgemeinbildenden Schulen habe. Beobachtbar war lediglich im Informatikunterricht der Klasse 11 ein im Verlauf stärker werdendes Abwenden der Mädchen bei dem gewählten algorithmischen Einstieg.

Danksagung

Der Autor hatte Gelegenheit, seine Gedanken (erstmalig formuliert anläßlich der Jahrestagung 1988 der Gesellschaft für Informatik der DDR [2] und dann leicht verändert gedruckt in der Zeitschrift LOGIN [3]) in einem Vortrag an der Freien Universität Berlin, Institut für Informatik und Zentralinstitut für Fachdidaktiken, Fachrichtung Informatik, im Sommer 1990 vorzutragen. In der anschließenden längeren und auch kontroversen Diskussion wurden viele Standpunkte, Meinungen und Argumente berührt und genannt, deren Einfluß auf Formulierungen der vorliegenden schriftlichen Fassung entweder durch Aufnahme oder durch weitere Gegenargumentation bedeutungsvoll wurde. Allen Diskussionspartnern schuldet der Autor großen Dank.

Literatur

[1] Harbeck. G.; Thode. R. u.a.
Metzler Informatik/Grundband, 2. Auflage.
J.B. Metzlersche Verlagsbuchhandlung, Stuttgart, 1990

[2] Kerner, I.O.
Was jedermann über Informatik wissen sollte
INFO'88 Kongreßband GIDDR 1988, Dresden, S. 342-346

[3] Kerner, I.O.
DDR: Was jedermann über Informatik wissen sollte
Teil 1: LOGIN 9(1989)6, 12-14; Teil 2: LOGIN 10(1990)1, 8-10

[4] Kerner, I.O.; Weber, K. (verantwortliche Leiter)
Erprobungslehrplan für den Informatikunterricht in der Klasse
11, Verlag Volk und Wissen, Berlin, 1989

[5] Kerner, I.O. (Leiter des Autorenkollektivs)
Schülerarbeitsmaterial Informatik, Klasse 11
Verlag Volk und Wissen, Berlin, 1990

[6] Kerner, I.O. (Leiter des Autorenkollektivs)
Informatik, Klasse 11 Methodische Empfehlungen
Verlag Volk und Wissen, Berlin, 1990

[7] OECD
Les Technologies de l'Information et l'Education
Choisir les bons logiciels, OECD, Paris, 1989

Prof. Dr. sc. nat.
Immo O. Kerner
Päd. Hochschule Dresden
Institut für Informatik
Wigardstr. 17
Dresden
DDR - 8060

ComputerPraxis im Unterricht

Die Metzler + Teubner Buch- und Diskettenreihe für die
allgemeine und berufliche Lehrer- und Erwachsenenbildung

Albers/Huth: **Computereinsatz im Wirtschaftsunterricht**
256 Seiten. Buch mit Diskette (IBM + kompatible) DM 48,—

Albrecht/Mödl: **Steuern und Regeln mit LEGO Lines und dem LEGO TC Controller**
208 Seiten. Buch mit Diskette (IBM + kompatible) DM 48,—

Baumann: **Computereinsatz in Sozialkunde, Geographie und Ökologie**
212 Seiten. Buch mit Diskette (IBM + kompatible) DM 48,—

Böhm/Ehrhardt/Hole: **Schüler arbeiten mit einem
Tabellenkalkulationsprogramm**
283 Seiten. Buch mit Diskette (IBM + kompatible) DM 48,—

Fleischhauer/Schindler: **Schüler führen ein Bankkonto**
288 Seiten. Buch mit Diskette (IBM + kampatible) DM 48,—

Franze/Menzel: **AppleWorks-Praxis**
207 Seiten. Buch mit Diskette (Apple) DM 48,—

Franze/Menzel/Mödl/Plieninger: **FRAMEWORK-Praxis**
Band 1: Konzepte
254 Seiten. Buch mit Diskette (IBM + kompatible) DM 48,—
Band 2: Anwendungen
272 Seiten. Buch mit Diskette (IBM + kompatible) DM 48,—

Herrmann/Schmälzle: **Daten und Energie**
224 Seiten. DM 28,80

Häberich/Schindler/Steigerwald: **Schüler schreiben eine
Computer-Zeitung**
288 Seiten. Buch mit Diskette (IBM + kompatible) DM 48,—

Häberich/Steigerwald: **Schüler arbeiten mit einer Datenbank**
272 Seiten. Buch mit Diskette (IBM + kompatible) DM 48,—

Hingen/Otto: **Computereinsatz im Unterricht**
260 Seiten. DM 28,80

Roß: **Computereinsatz im Erdkundeunterricht**
187 Seiten. Buch mit Diskette (C 64/C 128) DM 48,—

Roschwitz/Wedekind: **Computereinsatz im Biologieunterricht**
In Vorbereitung

Lehmann/Madincea/Pannek: **Materialien zur ITG**
Band 1: Unterrichtseinheiten
306 Seiten. Buch mit Diskette (IBM + kompatible) DM 48,—
Band 2: Didaktisch-methodische Hinweise
77 Seiten. DM 14,80

B. G. Teubner Stuttgart

ComputerPraxis im Unterricht

Die Metzler + Teubner Buch- und Diskettenreihe für die
allgemeine und berufliche Lehrer- und Erwachsenenbildung

Leuschner: **Computereinsatz im kommunikativen Fremdsprachen-
unterricht**
In Vorbereitung

Menzel/Probst/Werner: **Computereinsatz im Mathematikunterricht**
Materialien für die Klassenstufen 9 und 10

Menzel/Thode/Plieninger: **Computer-Werkzeug für alle Lehrer —**
Leitfaden für Einsteiger und Umsteiger
199 Seiten. DM 16,80

Neubeck: **Computereinsatz im Musikunterricht**
In Vorbereitung

Schwarze/Hamann: **Computereinsatz in der Meßtechnik**
197 Seiten. Buch mit Diskette (IBM + kompatible) DM 48,—

Schwarze/Holzgrefe: **Computereinsatz beim Regeln und Steuern**
204 Seiten. Buch mit Diskette (IBM + kompatible) DM 48,—

Steidl: **Computereinsatz im Chemieunterricht**
260 Seiten. Buch mit Diskette (IBM + kompatible) DM 48,—

Werner u. a.: **Schüler arbeiten mit dem Computer**
Materialien für die Sekundarstufe I
272 Seiten. Buch mit Diskette (IBM + kompatible) DM 48,—

Wespel: **Computereinsatz im Deutschunterricht**
142 Seiten. Buch mit Diskette (IBM + kompatible) DM 48,—

Preisänderungen vorbehalten

B. G. Teubner Stuttgart

MikroComputer-Praxis

Die Teubner Buch- und Diskettenreihe für
Schule, Ausbildung, Beruf, Freizeit, Hobby

B. G. Teubner Stuttgart

MikroComputer–Praxis

B. G. Teubner Stuttgart

MikroComputer–Praxis

Die Disketten – *einzeln nicht lieferbar!* – sind unter MS-DOS und
den jeweiligen Sprachen auf IBM-PC und kompatiblen lauffähig.

Preisänderungen vorbehalten

B. G. Teubner Stuttgart